KB213802

자 연 의 선 물 , 기 다 림 의 미 학

발효의 시간
장아찌

이성자 저

🅑 (주)백산출판사

내 고향 완도는 수평선 너머로 아득히 이어지는 출렁이는 바다가 있고, 산 아래 작은 섬마을에는 돌담이 즐비해 있다. 그 돌담들을 친구 삼아 옹기종기 모여 살던 마을 사람들은 서로 돕고 의지하며, 정겹게 살았고 어린 나는 이 모습을 바라보면서 햇살처럼 포근했던 유년 시절을 보냈다. 유난히도 요리를 잘하셨던 어머니... 우리 고유의 전통 방식으로 숙성한 깊은 맛의 된장, 간장, 젓갈로 국, 찌개, 무침 등의 소박한 음식을 만들어 주시던 어머니의 따뜻한 품이 너무 그립고, 그때 그 맛도 애타게 그립다.

바닷가에서 톳과 가시리, 굴, 돌게를 채취하여 자연 그대로의 맛으로 정성스럽게 만들어 주셨던 그 맛과 향은 내가 열심히 살아갈 수 있는 삶의 원동력이 된다. 자연의 법칙을 어기지 않았던 어머니 음식은 한 입만 먹어도 마음까지 편안해지는 소울 푸드다. 미운 사위에게 준다는 속담이 있는 매생이탕을 먹다가 너무 뜨거워서 입속이 홀라당 벗겨졌던 기억은 영원히 잊지 못할 것 같다.

바닷가에서 시작해 주방으로 이어진 삶, 바다가 길러준 감성을 채운 이야기들이 요리에 녹아있음에 감사하고, 바닷물과 주방의 불길 속에서 익힌 경험을 모아 요리책으로 펼쳐낼 수 있어서 너무나도 기쁘다. 고희를 바라보는 나이가 무색할 정도로 현장에서 왕성하게 활동할 수 있는 손맛을 물려주신 나의 어머니, 그리고 요리와 함께 열심히 살아 온 나에게 격려의 박수를 보내고 싶다.

이 책에는 50여 년의 현장 경험을 토대로 산, 들, 바다가 주는 대표적인 식재료를 활용한 레시피를 수록했으며, 가정에서나 업장에서나 쉽고 맛있고, 건강하게 우리의 식탁을 꾸릴 수 있는 노하우를 모두 담아내어 크나큰 보람을 느낀다. 마지막으로 이 책이 완성되기까지 수고해 주신 모든 분께 감사를 드린다.

저자 이성자

Contents

제
1
장

장아찌란
무엇인가?

∞

장아찌는 채소, 과일, 해산물 등의 다양한 계절별 재료를 간장, 된장, 고추장, 소금, 식초 등에 절여 숙성시킨 한국의 전통 저장 음식이다. 주로 조선시대부터 긴 겨울 동안 채소를 먹기 어려운 시기를 대비하여 만들었으며, 시간이 지날수록 발효되어 깊은 맛이 우러나는 특징이 있다. 장아찌는 그 자체로도 맛있지만, 밥이나 고기와 함께 곁들여 먹으면 더욱 맛있다. 장아찌를 만들 때는 청결한 환경에서 재료를 손질하고 냉장에서 차갑게 보관하여 신선함을 유지하는 것이 중요하다.

1. 장아찌의 기원

장아찌(醬齊漬)의 기원은 한국의 장문화(醬文化)와 밀접한 관련이 있으며, 기본적으로 염장(鹽藏)과 발효기술을 기반으로 발전했다. 이는 우리나라뿐만 아니라 중국, 일본 등 동아시아 지역에서도 오래전부터 존재했던 보존식의 한 형태였다. 우리나라 장아찌는 삼국시대부터 시작하여 고려시대에 정착하고, 조선시대에 발전하여 오늘날까지 이어지고 있다. 이는 한국 전통 장문화와 깊은 관련이 있으며, 저장성과 풍미를 높이는 방식으로 꾸준히 발전해 온 음식이다.

2. 장아찌의 역사와 유래

장아찌는 한국의 전통적인 저장식품으로, 긴 세월 동안 발달해 온 절임 문화의 한 형태다. 특히 장(醬) 문화를 기반으로 발전했으며, 간장 · 된장 · 고추장 등의 장류를 활용한 장아찌가 대표적이다.

1) 삼국시대: 염장 음식의 시작 시기

식재료를 염장하여 저장하기 시작한 시기로, 간장을 만드는 과정에서 자연스럽게 장아찌 문화가 형성되었다. 신라, 백제, 고구려에서 장(醬)과 젓갈을 활용한 저장식품이 존재했다는 기록이 있다.

2) 고려시대: 장문화와 장아찌의 정착 시기

된장, 간장, 초간장 등의 장류가 발달하면서, 다양한 식재료를 절이는 방식이 보편화되었다. 왕실과 귀족층이 고급 장아찌를 소비했고, 불교문화의 영향으로 채소 위주의 장아찌가 발전했다. 『거가필용(居家必用)』 등 고려 문헌에서 저장 음식의 기록이 등장한다.

3) 조선시대: 장아찌 문화의 확립 시기

『음식디미방』, 『규합총서』 등 고조리서에 다양한 장아찌 조리법이 기록되어 있다. 조선 후기에는 사대부가에서 장아찌를 별미 반찬으로 활용했으며, 일반 백성들도 널리 먹었다. 조선시대의 저장 음식과 발효기술은 단순히 보존을 위한 것이 아니라 영양을 증진하는 역할도 했다. 지금도 한국 전통 발효음식이 세계적으로 주목받는 이유다.

(1) 음식디미방(飮食知味方, 17세기)

조선시대 여중군자 장계향(1598~1680)이 저술한 한글 조리서로, 다양한 발효 음식과 저장식품에 관한 조리법을 담고 있다. 주로 장 절임(간장에 절이는 방식), 초절임(식초를 활용한 방식), 소금 절임 등의 방법이며, 주재료로는 채소·과일·해산물 등이 사용되었고, 대표적인 채소로는 가지·오이·무·마늘 등으로 된장과 고추장에 절이는 방법이 실려있다.

이 외에도 다양한 채소와 곡물을 활용한 장아찌 조리법이 등장하며, 조선시대 저장 음식 문화와 발효기술을 잘 보여주는 사례들이다. 특히 장아찌의 숙성 방법과 보관 방식에 대한 설명이 자세히 기록되어 있어 전통 조리법 연구에 중요한 자료로 평가된다.

(2) 규합총서(閨閤叢書, 19세기)

1809년경 조선 후기 여성 실학자 빙허각 이씨(1759~1824)가 저술한 가정생활과 조리법을 담은 책이다. 이 책에는 다양한 장아찌(장사찌) 조리법이 기록되어 있으며, 조선 후기의 저장 음식 문화를 잘 보여준다. 가지·무·오이·고추·마늘장아찌 등이 실려있는데, 이는 오늘날 장아찌를 만드는 방식과 유사하며, 조선 후기 사대부 가문의 음식문화를 잘 보여주는 중요한 기록이다.

『규합총서』에 수록된 장아찌의 특징

- '장사찌(醬些漬)' 라는 표기로 기록되어 있다.
- 간장을 기본으로 하여 재료를 절여 저장했다.
- 소금에 먼저 절여 수분을 제거한 후 숙성하는 방식이 일반적이고, 숙성 기간이 길수록 깊은 맛을 낸다.
- 양념을 활용한 장아찌 조리법을 구체적으로 설명한다.
- 깻잎장아찌, 무장아찌 등의 기록이 있다.

4) 현대: 20세기 후반~현재

현대에는 전통 장아찌 기법이 유지되는 한편, 식초, 설탕 등을 활용한 현대적 방식도 등장한다. 한식 세계화와 함께 다양한 채소, 과일, 해산물 장아찌가 개발되었다. 냉장고 보급으로 인해 저장 목적보다는 별미 반찬이나 요리 재료로 활용하는 경향이 강하다.

최근에는 저염 장아찌, 숙성 기간이 짧은 장아찌, 퓨전(청귤, 와인) 장아찌 등으로 변화하고 있다.

3. 장아찌의 발전 과정

1) 장(醬) 문화와의 연결

우리나라에서는 된장·간장·고추장을 활용한 음식이 발달했으며, 장아찌도 이러한 장문화를 바탕으로 발전했다. 된장과 간장을 만들 때 나오는 부재료를 활용하여 채소를 절이고 보관하는 방식이 일반적이었다.

2) 농경 사회에서의 저장식품

농업이 중심이던 조선시대에는 제철에 수확되는 채소를 오래 두고 먹기 위한 절임 기술이 필수적이었다. 특히 겨울철에는 신선한 채소를 구하기 힘들었기 때문에 장아찌가 주요 저장식품으로 활용되었다.

3) 발효 및 숙성 기술의 발전

염장(鹽藏) 기술이 발전하면서 소금이나 간장을 이용한 장아찌 보관법이 정착되었다. 시간이 지나면서 숙성의 개념이 도입되어,

단순한 절임을 넘어 발효 과정이 가미된 장아찌도 등장했다.

4. 장아찌의 특징

(1) 저장성

장기간 보관이 가능하여 계절에 상관없이 즐길 수 있다. 오이, 마늘, 무, 깻잎, 고추, 더덕, 버섯, 콩잎, 감, 매실 등의 다양한 식재료로 활용할 수 있다.

(2) 다양한 조미료 활용

간장, 된장, 고추장, 소금물, 식초, 설탕 등을 사용하여 여러 가지 맛을 낸다. 절임장에 따라 맛과 풍미가 달라진다.

(3) 풍미의 변화

숙성되면서 맛이 깊어지며 감칠맛이 생긴다.

5. 우리나라의 발효 문화

우리나라는 사계절이 뚜렷하고 겨울이 길었기 때문에 저장음식과 발효기술이 발달했다. 특히 장기 보관할 수 있는 장아찌, 젓갈, 장류, 김치 등이 대표적이었으며, 각각의 발효기술이 독특하게 발전했다.

1) 장(醬)류

- 된장: 메주를 띄운 후 소금물에 담가 발효시켜 만든 발효 장류다.
- 간장: 된장을 만드는 과정에서 나오는 장물을 걸러 숙성하여 만든다.
- 고추장: 찹쌀, 메줏가루, 고춧가루를 섞어 발효시킨 천연

조미료다.

- 발효기술: 메주를 띄울 때 곰팡이균(주스페르길루스속)을 활용하여 단백질을 분해하고, 발효 과정에서 소금물을 이용해 부패를 방지한다.

2) 김치(채소류 발효 저장법)

- 배추김치, 동치미, 깍두기, 백김치 등 형태가 다양하다.
- 겨울철을 대비한 저장식으로, 주로 소금과 젓갈을 이용해 발효한다.
- 발효기술: 젓갈(새우젓 · 멸치젓 등)을 사용해 발효를 촉진하고, 젖산균이 증식하면서 신맛과 감칠맛을 형성한다.

3) 젓갈(해산물 발효 저장법)

- 새우젓, 멸치젓, 조기젓, 황석어젓 등 다양한 젓갈이 있다.
- 내륙 지역에서도 오랫동안 보관할 수 있는 단백질 공급원으로 활용된다.
- 발효기술: 젓갈(새우젓, 멸치젓 등)을 사용해 발효를 촉진하고, 젖산균이 증식하면서 신맛과 감칠맛을 형성한다.

4) 식초(곡물 및 과일 발효법)

- 막걸리, 약주 등을 발효한 후, 초산 발효를 통해 식초를 제조한다.
- 조선시대에는 쌀 식초, 감식초 등이 있었다.
- 발효기술: 알코올 발효(효모) 후 초산균을 이용해 초산 발효를 진행한다.

5) 떡과 음청류(발효를 이용한 곡물 가공법)

- 술떡: 누룩을 사용하여 자연 발효한 떡이다.
- 식혜 · 감주: 엿기름을 이용해 발효시켜 단맛을 내는 음료다.
- 발효기술: 누룩(곰팡이균)을 활용해 전분을 당으로 분해하여 자연스러운 단맛을 형성한다.

6. 장아찌와 한국 음식 문화

장아찌는 우리나라의 전통적인 저장식품이면서도 현대의 식문화에서도 다양하게 활용될 수 있는 반찬이다. 식재료와 양념을 입맛에 맞게 자유롭게 조절하여 개성 있는 맛을 낼 수도 있어 단순한 저장식품을 넘어 한국인의 밥상에 필수 반찬으로 자리 잡았다. 김치와 함께 발효 음식의 한 축을 담당하며, 특히 한식의 짭조름하고 감칠맛 나는 반찬 문화에서 중요한 역할을 한다. 오늘날에는 전통적인 장아찌뿐만 아니라, 색다른 재료를 활용한 창의적인 장아찌가 개발되면서 우리나라뿐만 아니라 해외에서도 관심을 받고 있다.

1) 식재료 계량 방법

(1) 계량의 중요성

① 정확한 계량은 재료를 경제적으로 사용할 수 있다.
② 과학적이고 안정적인 조리를 할 수 있다.
③ 계량이 정확하면 조리사가 바뀌어도 맛에 변화가 없다.

(2) 계량을 위한 도구 종류

① 저울로 무게를 재는 것이 가장 정확하지만, 계량컵이나 계량스푼과 같은 기구로 부피를 재는 것이 더 편리하다. 식

품의 밀도가 달라서 정확한 계량기술과 표준화된 기구를 사용하는 것이 중요하다.

② 계량컵, 계량스푼, 전자저울, 계량 바트, 온도계, 타이머 등을 이용하여 재료의 양, 조리 시간, 조리온도 등을 확인해야 한다.

계량 단위

구분	용도
1컵(C: Cup)	· 단위는 알파벳 대문자를 사용한다. · 쿼트법 240cc(mL)=8온스(oz): 미국 등 외국 계량 단위 · 미터법 200cc(mL): 우리나라 계량 단위 · 1C=약 13큰술(Ts)=약 200g=약 200mL
1큰술=1테이블스푼 (Ts; Table Spoon)	· 15cc(mL)=3작은술(ts) · 1Ts=15g=15mL
1작은술=1티스푼 (ts; tea spoon)	· 5cc(mL)=1작은술(ts) · 1ts=5g=5mL
1홉	약 180mL=180cc=0.1되
1되	약 1.80L=약 1,803cc=약 60oz=10홉=0.1말=0.48갤런(gal)
1말	약 18L=10되=100홉
1kg	1,000g=약 1.67근=약 35.27온스(oz)
1리터(ℓ)	1,000mL=1,000cc=약 33.8온스(oz)
1온스(oz: ounce)	30cc=약 28.35g=약 0.0625파운드(lb)
1파운드(lb)	· 약 453.6g · 16온스(oz)
1쿼터(quart)	32온스(oz)=946.4mL
1갤런(gal)	미국은 약 3.785=약 3,785cc
1cc	1mL

2) 장아찌 양념 기본 비율

(1) 저장 장아찌
간장 1:설탕 0.7:식초 0.4:소주 0.1

(2) 된장 장아찌
된장 5T, 고춧가루 1T, 다진 마늘 1T, 정수한 물(맛 육수) 2T,
소주 1T(농도 조절)
* 정수한 물: 끓여서 식힌 물

(3) 고추장 장아찌
고추장 5T, 고춧가루 2T, 설탕 2T, 간장 1T, 매실청 2T, 다진
마늘 2T, 식초 3T(선택)

(4) 소금 장아찌
정수한 물(맛 육수) 4C, 천일염 1C, 설탕 1C, 식초 2T(선택: 깔끔
한 맛)

(5) 숙장아찌
간장 3C, 매실청 3C, 식초 1C, 소주 2C(정수한 물/맛 육수 대체
가능)
* 재료는 살짝 데쳐서 물기를 제거하고, 간장소스를 부어준
다(머위 · 방풍 · 열무).

(6) 끓이지 않는 장아찌(부피 계량)
재료: 풋고추 4kg
간장 1:설탕 1:식초 1:소주 1:액젓 1

(7) 가장 기본적인 장아찌

간장 2:설탕 0.8:식초 0.8:정수한 물(맛 육수) 1

① 재료의 향이 강한 채소

간장 2:정수한 물 1.5:설탕 1.5:식초 2

② 맛이 담백한 채소

간장 1:정수한 물(맛 육수) 2:설탕 1

③ 짜지 않고 바로 먹을 수 있는 장아찌

간장 1:설탕 0.8:식초 0.8:정수한 물 1:소주 0.1(다시마)

④ 채소 모둠 피클

정수한 물 4C, 식초 1C, 설탕 2C, 통후추 2T, 월계수 잎 1장, 감초 1개, 피클링 스파이스 2T(통후추 1T)를 끓인 뒤 유리병에 피클 재료를 넣어 붓는다. 기호에 따라 식초, 설탕을 가감한다.

(8) 만능 볶음 양념장

고춧가루(굵은 것) 3C, 고추장 1C, 간장 1C, 설탕 1C, 물엿 2T, 맛술 2T, 간 마늘 1C, 간 생강 4T, 통후추 4T, 굴소스 2T
* 청주(청하)로 농도를 맞추면 저장기간이 길어진다.

(9) 만능 간장

양조간장(501) 3C, 육수 2C, 맛술 1C, 조청 1C, 참치액 1T, 후춧가루 1T
* 육수: 물 5C, 양파 100g, 당근 50g, 대파 50g, 건 표고버섯 2개, 마늘 20g, 생강 10g, 다시마 10×10cm 1장을 중·약불

에서 끓이다가 다시마는 먼저 건져내고, 20분 정도 끓인 후 사과 1/2개, 레몬 1개(슬라이스)를 넣어 24시간 후에 거른다.

3) 장류에 따른 분류

(1) 장아찌의 종류

① 간장 장아찌

간장, 식초, 설탕을 기본으로 한 절임장에 담가 숙성시키므로, 짭조름하면서도 새콤달콤한 감칠맛이 난다.

간장 장아찌 종류

종류	지역	특징
무말랭이	전국 평안도	무를 굵게 썰어 말려서 말린 고춧잎과 함께 절임 간장을 부어 저장했다가 먹을 때 양념에 무쳐 먹는다.
싸장	평안도	기장쌀로 밥을 지어 된장에 박아서 삭힌 것으로, 끈끈하고 독특한 맛이 나는 평안도 향토 음식이다.
도토리묵	강원도	도토리묵을 물기 없이 크게 썰어 절임 간장을 부어 저장한다.
도라지	강원도	도라지를 진간장에 절였다가 양념간장에 조린 숙장과다.
고사리	강원도	고사리를 살짝 데쳐 꾸덕꾸덕하게 말려 절임 간장에 저장한다.
곰취	강원도	곰취를 살짝 데쳐 꾸덕꾸덕하게 말려 절임 간장에 저장한다.
두릅	강원도	두릅을 살짝 데쳐 꾸덕꾸덕하게 말려 절임 간장에 저장한다.
동아	전북	동아 씨를 제거하고 썰어서 소금 간을 하여 물기 없이 말려 된장에 박아 만든다.
노란 콩잎, 팥잎	경상도	노란 콩잎이나 팥잎을 소금물에 삭혀 절임 간장에 저장한다.
마른오징어	경상도	껍질 벗긴 오징어를 구워서 방망이로 두드려 잘게 찢은 것을 고추장에 무쳐 헝겊 주머니에 넣어 봉한 뒤 항아리에 박아 만든다.
무청	경기도	데친 무청과 고춧잎을 시들게 말려 절임 간장에 저장하거나, 헝겊 주머니에 넣어 된장 항아리에 박아 만든다.

미역귀	바닷가 해안	젖은 행주로 미역귀를 닦아 물기를 제거한 뒤, 된장 속에 넣는다. 간이 배면 새로 담근 고추장에 버무려 다시 된장에 넣는다. 먹을 때는 다져서 양념하여 잠깐 조린다.
깻잎	전국	깻잎을 소금물에 삭히면 노랗게 변한다. 이것을 조금씩 꺼내어 양념해 먹거나 절임 간장을 넣어 삭혀 만든다.
무	전국	가을에 나온 작은 무를 물기 없이 약간 시들시들하게 말려서 달인 절임 간장에 박아 두었다가 꺼내어 양념해 먹는다.
풋고추	전국	고추에 바늘로 10개 정도 구멍을 내서 절임 간장에 저장한다.
마늘	전국	육쪽 통마늘을 골라 식초에 넣어 맛이 들게 한 뒤 진간장, 설탕, 소금물을 넣어 저장한다. 서너 번 정도 물을 따라 끓여서 식혀 부어야 오래 두고 먹을 수 있다.
마늘종	전국	마늘잎과 마늘종을 양념한 초간장에 넣어 저장한다.
오이	전국	오이를 통째로 절여 무거운 것으로 눌러 물기를 뺀 뒤 풋고추와 마늘, 진간장으로 양념하여 삭힌다.
가지	전국	가지를 소금물에 절여 물기를 제거한 뒤 달인 절임 간장을 넣어 삭힌다.
고춧잎	전국	고춧잎을 데쳐 말린 것을 절임 간장에 저장한다.
김	바닷가 해안	김을 손질하여 조미한 절임 간장을 넣고 저장한다.
대추	이남 지방	씨를 발라낸 뒤 절임 간장에 넣고 저장한다.
죽순	전남	연한 죽순을 쌀뜨물에 삶아 물기를 제거한 뒤 절임 간장을 만들어 붓고 5일 뒤에 다시 끓여 붓기를 3회 반복한다.
양파	전국	작고 단단한 양파를 식초물에 눌러 놓았다가 매운맛이 우러나면 식초물을 따라내고 절임 간장을 끓여 붓기를 3회 반복한다.

② 된장 장아찌

된장의 깊은 풍미와 감칠맛이 더해져 구수하고 짭조름하며, 장기간 숙성하면 맛이 깊어진다.

된장 장아찌 종류

종류	지역	특징
호박	황해도	애호박을 간장에 절였다가, 다시 된장에 박아서 맛이 들면 쪄서 무쳐 먹는다.
풋감	충청도	풋감을 소금물에 절여 건졌다가 말려 진간장에 담갔다가 장물이 배면 다시 건져 된장에 박는다. 한 달 뒤에 꺼내 양념해 먹는다.
단풍 든 콩잎	경상도	노랗게 단풍 든 콩잎만 골라 소금물에 보름 정도 삭혀서 된장에 박아 두었다가 먹는다.
더덕	경상도 강원도	더덕을 씻어서 적당한 크기로 썬 후, 된장에 박아 둔다. 기호에 따라 고춧가루, 마늘, 설탕, 식초 등을 추가하기도 한다.
무	경상도 강원도	무를 썰어 소금을 고루 뿌리고 30분 정도 절인 다음, 수분을 제거하고 된장에 박아 두었다가 먹는다.
가지	경상도 강원도	가지를 적당한 크기로 썰어 소금에 절여서 수분을 제거한 후, 된장에 박아 두었다가 양념해 먹는다.
마늘종	경상도 강원도	마늘종을 3~4cm로 썰고 소금에 절여 수분을 제거한 후, 된장에 박아 두었다가 양념해 먹는다.
고추	경상도 강원도	고추를 통째로 준비하여 된장으로 양념하여 밀폐용기에 담아 냉장고에서 숙성하면 깊은 맛이 난다.
도라지	경상도 강원도	손질한 도라지에 소금을 뿌려서 절인 후, 수분을 제거하고 밀폐용기에 담아서 서늘한 곳에 2~3개월 보관했다가 먹는다.
콩	경상도 강원도	콩을 불려서 충분히 삶은 후 수분을 제거하고, 된장 양념에 무쳐 숙성한 후 먹는다.
연근	경상도 강원도	연근을 썰어 소금을 뿌려서 절인 후, 수분을 제거하고 된장 양념에 무쳐 숙성한 후 먹는다.

③ 고추장 장아찌

고추장에 절여서 된장 장아찌보다 진한 맛이 나고, 매콤달콤한 맛과 강한 풍미가 있다.

고추장 장아찌 종류

종류	지역	특징
두부	평안도	북어를 두들겨 껍질을 벗기고 뼈를 발라내어 살만 찢어 고추장에 박아 두고 먹는다.
북어	충청도	북어를 두들겨 껍질을 벗기고 뼈를 발라내어 살만 찢어 고추장에 박아 두고 먹는다.
참외	충청도	익지 않은 끝물 참외를 준비하여 씨를 제거하고, 소금에 절였다가 건져 수분을 제거한 뒤 햇볕에 꾸덕꾸덕하게 말려 고추장이나 된장에 박아 두었다가 맛이 들면 채 썰어 양념해 먹는다.
당귀	강원도 경남	당귀의 연한 줄기를 고추장에 박아 두었다가 맛이 들면 먹는다.
도토리묵	전북	도토리묵을 간장이나 고추장에 박아 두었다가 먹는다.
더덕	전국	더덕의 쓴맛을 제거하고, 얇게 저며 고추장에 박아 두었다가 먹는다.
북어	강원도	마른 북어를 두들겨서 살을 결대로 찢어 모시나 면포에 담아 고추장에 5~6개월 정도 저장해 두었다가 양념하여 먹는다.
굴비	전남	굴비를 말려 살을 결대로 찢어 모시나 면포에 싸서 고추장에 5~6개월 정도 저장해 두었다가 양념하여 먹는다.
배추고랭이	전국	배추고랭이를 소금에 절여 꾸덕꾸덕하게 말려 고추장에 박아 두었다가 먹는다.
김	바닷가 해안지방	생김이나 마른 김을 물에 풀어 조리로 건져서 물기를 제거한 뒤 면포에 넣어 고추장에 박아 두었다가 먹는다.
우무	바닷가 해안지방	우무묵을 절임 간장에 2주 정도 잰 것을 고추장에 1개월 이상 박아 두었다가 양념하여 먹는다.
오이	전국	오이를 통째로 절여서 무거운 것으로 눌러 물기를 뺀 뒤 고추장에 박아 두었다가 먹는다.
가지	전국	소금에 절인 가지를 꾸덕꾸덕하게 말려 된장이나 고추장에 박아 두었다가 먹는다.
무 동치미 무	전국	조미한 간장을 뭉근히 끓여 식혀서 무에 부은 뒤 한 달이 지나면 꺼내어 자루에 넣어 2개월 정도 고추장에 박아 두었다가 먹는다.
마늘종	전국	마늘종을 고추장에 넣어 저장해 두었다가 먹는다.
매실	전국	매실을 소금물에 4~5시간 정도 절였다가 매실의 50%에 해당하는 설탕을 넣고 재워 한 달간 발효한다. 이틀간 말린 뒤 고추장에 버무려 2개월 이상 저장해 두었다가 먹는다.

수박	전국	수박 껍질의 흰 부분만 꾸덕꾸덕하게 말려 된장에 1개월 정도 저장했다가 다시 고추장에 박아 두고 먹는다.
무청	전국	무청을 절여 물기를 제거한 뒤, 간장에 넣어 맛을 들인다. 자루에 넣고 고추장에 넣어 저장해서 만든다.

④ 소금 장아찌

소금으로만 절여 간을 맞추고 자연 발효를 유도하여 담백하고 짭짤하며 식감이 아삭하다.

소금 장아찌 종류

종류	지역	특징
오이지①	경상도 전라도	오이를 켜켜이 담은 뒤 소금물을 부어 익혀 먹는다.
오이지②	경상도 전라도	오이의 배를 갈라 씨와 속을 제거한 뒤 소금에 2~3일간 절여 말린 것을 다시 장에 넣어 열흘 정도 절인다.
오이지③	경상도 전라도	오이에 소금물을 부어 하룻밤 정도 절였다가 햇볕에 말린 뒤 소금물을 끓여 식혀 붓기를 2~3회 반복한 뒤 돌로 눌러 익힌다.
골곰짠지	경상도 전라도	무를 골패 모양으로 썰어 소금에 절였다가 물기를 제거하고 말린 무말랭이에 고춧가루와 기름, 파, 마늘로 양념하여 저장한다.

⑤ 식초 장아찌(피클류)

식초가 들어가 새콤달콤하면서도 아삭한 식감을 유지한다.

식초 장아찌 종류

종류	지역	특징
가지	경상도 전라도 강원도	늦가을에 딴 작은 가지를 준비하여 꼭지를 따고 깨끗이 닦는다. 식초와 물을 1:1 비율로 섞어 달인다. 가지를 데쳐 꾸덕꾸덕하게 말려 마늘과 소금을 식초 달인 물에 넣고 가지를 담가 저장한다.
오이	경상도 전라도 충청도	오이를 반으로 갈라 씨를 제거하고, 햇볕에 말려 식초·채 썬 생강·설탕을 넣고 오이를 넣어 무거운 것으로 눌러 놓았다가 열흘 정도 뒤에 먹는다.
양파	경상도 전라도 충청도	작고 단단한 양파를 식초물에 담가 매운맛을 우려낸 뒤, 다시 식초와 설탕을 타서 담근다.
통마늘	경상도 전라도 충청도	소금으로만 간을 하여 하얗게 만들거나, 간장을 부어 색을 내는 방법이 있다. 소금으로만 담그려면 마늘을 식초물에 담가 삭힌 뒤 소금과 설탕을 넣어 맛이 들게 한다.
마늘종	경상도 전라도 충청도	하지 이전에 담근다. 연한 마늘종은 식초에 삭혀 약간 말리면 찬으로 이용할 수 있고, 고추장에 박아 두었다가 먹기도 한다.
마늘잎	경상도 전라도 충청도	식욕을 잃기 쉬운 여름철에 식욕을 돋우어 준다.

⑥ 젓갈 장아찌

간장, 된장, 고추장 장아찌와는 달리 젓갈이 지닌 강한 감칠맛과 발효의 풍미가 있다.

젓갈 장아찌 종류

종류	지역	특징
깻잎	전라도 경상도 충청도	늦가을에 서리를 맞아 잎이 억센 깻잎을 씻어 물기를 제거한 뒤, 항아리에 차곡차곡 담는다. 절임 간장을 만들어 부어서 눌러 두었다가 일주일 뒤 간장만 따라서 끓여 식힌 뒤 다시 붓는다.
고들빼기	전라도	어린 고들빼기나 씀바귀를 소금물에 담가 일주일 정도 두어 쓴맛을 제거한 뒤 젓갈을 부어 삭히면 된다. 전라도 지방에서 담가 먹는다.

콩잎	경상도 전라도 충청도	노랗게 단풍이 든 콩잎만 골라 소금물을 붓고 보름간 삭혀서 멸치젓국을 달인 양념 젓국을 만들어 넉넉히 붓고 삭혀서 먹는다.
풋고추	경상도 전라도 충청도	풋고추를 멸치젓국에 절여 만든다.
무멸치젓	전라도 충청도	무를 썰어 꾸덕꾸덕하게 말려 멸치젓국을 부어 익혀 먹는다.

(2) 장아찌의 계절별 특성

① 봄 장아찌

봄소식을 가장 먼저 전하는 달래는 뿌리와 줄기를 모두 먹을 수 있어 통째로 간장이나 소금에 절였다가 식초 절임을 하거나 고추장에 넣기만 하면 된다.

- 더덕과 도라지는 꾸덕꾸덕하게 말린 뒤 된장이나 고추장에 넣어야 물이 생기지 않는다. 먹을 때는 결대로 쭉쭉 찢어 참기름과 깨소금만 넣고 무친다.
- 죽순은 봄에만 잠깐 나오기 때문에 간장에 절여 두었다가 상에 내면 짭조름하면서도 아삭한 맛을 즐길 수 있다. 죽순 간장 장아찌는 간장을 끓여 두세 번 정도 부어주어야 맛이 변하지 않는다.
- 장아찌용 마늘은 덜 여물어서 쪽이 붙어 있고, 대가 약간 푸르며 껍질이 불그레한 육쪽마늘이 좋다. 간장에 담그려면 소금물에 삭히는 대신 심심한 식초에 나흘 정도 담갔다가 간장 5컵에 식초 1/2C, 설탕 1/2C을 끓여 식혀서 항아리에 붓는다. 열흘에 한 번씩 간장만 따라내어 다시 끓여 붓기를 서너 번 반복해야 맛이 좋아진다. 색깔을 하얗게

하고 싶다면 마늘을 소금물에 삭혔다가 소금으로 간을 한 식초를 부으면 된다.
- 연한 마늘종도 식초를 부어 삭혀서 고추장에 박거나, 살짝 말린 것을 적당하게 썰어서 양념한다.

대표적인 봄 장아찌

구분	종류
엽채류(잎)	냉이, 달래, 당귀잎, 머위잎, 두릅(참, 땅), 돌나물, 방풍(해), 씀바귀, 음나무순, 오가피순, 원추리, 참나물, 취(곰, 참, 단풍, 수리 등), 섬쑥부쟁이, 부추(두메, 솔), 눈개승마, 명이나물, 씀바귀, 눈개승마, 세발나물, 비름나물, 민들레, 곤달비, 가죽나물, 산초잎, 다래 순 등
경채류(잎·줄기)	미나리, 죽순, 부지깽이, 전호(바디나물), 풋마늘대, 아스파라거스, 셀러리 등
근채류(뿌리)	마늘

＊ 봄 채소는 잎채소와 줄기채소가 많다.

② 여름 장아찌

장아찌를 담는 시기는 재료가 흔히 나오는 계절이 좋다. 대개는 햇장이 익을 즈음 지난해 먹다 남은 묵은장을 이용해 담는다. 여름 장아찌의 재료로는 깻잎이나 참외, 오이, 가지, 호박 등이 적당하다. 여름 장아찌는 짭짤하기 때문에 오래 두고 먹어도 맛이 변하지 않아 밑반찬이나 술안주로 요긴하다.

- 깻잎은 간장이나 된장에 넣어 삭혀 먹는다. 깻잎을 소금물에 담가 여러 날 담가두면 노란색으로 변하면서 연해지는데 이것을 씻어서 물기를 제거한 뒤 밥솥에 쪄서 쌈으로 내면 된다. 이렇게 하면 잎이 얇아져 질감이 부드러워진다.
- 오이장아찌를 담글 때는 오이를 통째로 넣고 간장 물을 부

어야 아삭아삭하면서도 무르지 않는다. 오이 간장 장아찌
나 애호박 된장 장아찌는 입맛 없는 여름철에 물만밥(물에
말아서 풀어놓은 밥)에 잘 어울린다.

대표적인 여름 장아찌

구분	종류
엽채류(잎)	깻잎(바라, 추부), 방풍나물, 취나물 등
경채류(잎·줄기)	상추 불뚝, 머윗대 등
근채류(열매·뿌리)	다래, 매실, 오이, 가지, 양파, 풋고추(청양, 할라피뇨, 아삭이), 토마토(대저), 참외, 여주 등

③ 가을 장아찌

가을 장아찌는 주로 잎사귀가 억세지는 채소를 주재료로 하
며, 대개 소금물에 담가 재료를 연하게 한 뒤, 장에 담가 만든
다. 된장, 고추장, 간장은 이미 발효된 식품인 만큼 여기에 다
시 넣어 삭히면 채소의 결이 연해지고 감칠맛도 더해진다.

- 콩잎은 새파랄 때는 까칠까칠해서 먹을 수 없지만, 수확할
  무렵 노랗게 단풍이 든 것을 걷어서 삭히면 감칠맛 나는
  장아찌가 된다. 깨끗이 씻어서 물기를 완전히 제거한 뒤,
  된장이나 젓국을 넣어 삭혀도 좋다.
- 가을걷이한 풋고추는 꼭지를 떼지 않은 상태 그대로 소금
  물에 2~3개월 삭혔다가 건져서 깨끗이 씻어 면포에 싼 뒤
  맷돌로 눌러 물기를 제거하고 달인 장물을 부어 만든다.
  억세고 매운 고추는 삶아서 말렸다가 넣는데, 여기에 무말
  랭이와 고춧잎을 함께 넣어도 좋다. 무짠지 남은 것이 있
  으면 햇볕에 널어 꾸덕꾸덕하게 말려 수분을 제거한 뒤 장

물을 붓는다. 풋고추장아찌는 껍질이 두꺼워도 삭으면 아삭아삭해진다.

- 고춧잎장아찌는 서리가 내리기 전에 고춧잎을 줄기 없이 따서 깨끗이 씻은 뒤 데쳐서 물에 담가 우려낸 것을 꼭 짜서 물기 없이 꾸덕꾸덕하게 말려 이용한다. 여기에 간장, 파, 마늘, 생강, 다시마를 한데 넣어 끓여서 식혀 붓는다.
- 무말랭이장아찌는 무를 손가락 두께로 굵게 썰어 바짝 말린 것을 물에 씻어서 건져 절임 간장을 붓는다. 2~3개월 숙성시켰다가 꺼내어 갖은양념을 해서 먹으면 별미다. 김장철에 무와 배추속대, 고춧잎 말린 것을 섞어 담그기도 한다.

대표적인 가을 장아찌

구분	종류
엽채류(잎)	삭힌 콩잎, 삭힌 깻잎, 고들빼기 등
경채류(잎·줄기)	돌산갓, 곤드레, 무청, 쪽파, 롱다리 브로콜리, 고구마순, 새싹 삼, 궁채 등
근채류(뿌리)	돼지감자, 연근, 초석잠, 황정근, 우엉, 쿠카 멜론, 총각무, 순무, 콜라비, 미삼 등
기타(과채류)	밤, 감, 산초, 순무, 차요테, 울외, 버섯(표고버섯, 새송이버섯 등), 미니 파프리카, 모둠 콩 등

④ 겨울 장아찌

겨울에는 주로 외장아찌(겨울철에 주로 담가서 보관하는 장아찌)를 담가 먹는다.

- 작은 오이나 꽃 맺은 오이를 통째 소금에 잠깐 절였다가 보에 싸서 무거운 돌로 하루 정도 눌러 두면 쪼글쪼글해지

는데, 여기에 간장 · 파 · 마늘 · 생강 · 다시마를 넣어 끓여서 식혀 부었다가 먹으면 된다.

• 된장이나 고추장에 박아 두었다가 먹는 감장아찌는 담백한 맛이 일품이다. 곶감으로 고추장장아찌를 담아도 별미다. 장아찌 하나만 담그지 말고, 면포를 여러 개 준비하여 다양하게 담가 먹으면 갖가지 맛을 즐길 수 있다.

대표적인 겨울 장아찌

구분	종류
엽채류(잎)	배추, 무청, 무, 봄동, 시금치(포항초, 남해초) 등
근채류(뿌리)	생강(강황), 도라지, 더덕, 쫑쫑이(짠지 무) 등
해산물	전복, 새우, 더덕, 톳, 파래, 곰피 등

⑤ 숙장과

채소를 절인 뒤 양념하여 볶거나 조린 것을 '숙장과(熟醬瓜)'라고 한다. 갑자기 만들었다고 해서 '갑과'라고도 한다.

• 오이 갑장과는 오이씨를 제거하고 막대 모양으로 썰어 소금에 절인 것을 채 썬 쇠고기, 표고버섯과 함께 볶아 식혀 깨소금과 참기름에 무친다. 푸른 오이색이 고운 데다 아작아작 씹히는 맛이 좋은 별미로 오이 숙장과라고도 한다. 작은 오이를 통째로 절여서 사용하거나, 오이소박이처럼 칼집을 내어 절인 것에 양념한 고기를 볶아서 소로 채워 볶다가 간장을 부어 조린 숙장과는 오이 '통장과'라고 한다.
• 무갑장과는 무를 막대 모양으로 썰어 간장에 절여서 쇠고기와 함께 볶아 만든 갑장과로 무숙 장과라고도 한다. 무가 맛있는 가을철에 담그는 것이 좋다.

- 머위 숙장과는 머위를 익힌 장아찌로 줄기의 껍질을 벗기고 잘라서 삶은 뒤 꿀이나 설탕을 넣고 까맣게 조려 만든다. 이때 씨를 뺀 통고추를 넣으면 맛이 더욱 좋아진다. 궁중에서는 간장이나 된장, 고추장에 담그는 장아찌는 없었고, 게장이나 마늘장과 등은 담가 사용했다.

대표적인 숙장과

구분	종류
엽채류(잎)	곤달비, 가죽나물, 머위잎, 고들빼기, 씀바귀 등
경채류(줄기)	머윗대, 우엉대, 미나리, 연 줄기, 죽순 등
근채류(뿌리)	무, 우엉, 더덕, 도라지 등
과채류(열매)	가지, 오이, 풋고추 등
기타	명이나물, 두릅, 톳 등

* 숙장아찌는 쓴맛, 떫은맛이 강한 재료나 단단한 조직을 지닌 재료를 데쳐서 숙성하는 것이다.

(3) 장아찌의 활용법

① 밥반찬: 단순히 밥과 함께 먹어도 좋다.

② 비빔밥 재료: 장아찌를 잘게 썰어 비빔밥에 넣으면 감칠맛을 강화한다.

③ 고기 요리 곁들임: 삼겹살, 갈비 등 기름진 고기와 조화롭다.

④ 김밥이나 주먹밥 속 재료: 오이장아찌, 무장아찌 등을 활용할 수 있다.

⑤ 절임 간장 장아찌: 장아찌 국물을 소스로 활용하여 요리에 감칠맛을 더한다.

(4) 장아찌 제조 시 유의사항

① 재료 준비: 재료는 깨끗이 세척하고, 물기를 완전히 제거 해야 한다.

② 염도 조절: 장아찌가 너무 짜지 않도록 간장이나 소금의 양을 조절한다.

③ 위생 관리: 곰팡이가 생기지 않도록 용기를 깨끗하게 소독 한 후 사용한다.

④ 숙성 온도: 냉장 숙성하면 맛이 일정하게 유지되며, 상온 에 숙성하면 주기적으로 점검해야 한다.

제
2
장

장아찌
담그기

엽채류

•── 채소 맛국물

물 3L, 당근 200g, 무 300g, 대파 흰 부분 20cm, 건 표고버섯 4개, 양파 1/2개, 통마늘 10개, 다시마 (10×10cm) 2장 등 재료들을 잘게 썰고 마른 팬에 노릇노릇 구워서 물을 넣은 다음, 중·약불에서 20분간 끓인다. 채소 육수 재료를 여유 있게 구워서 냉동실에 보관했다가 필요할 때 사용하면 편리하다.

냉이

특징 및 효능

- 봄철(2~4월)에 맛이 가장 좋다.
- 봄철 대표적인 나물로, 향과 영양이 뛰어나 다양한 요리에 활용된다.
- 냉이에 함유되어 있는 식이섬유가 장 건강을 돕고, 장아찌의 발효 과정에서 생성된 유기산이 소화를 도와준다.
- 냉이에 함유된 플라보노이드와 베타카로틴은 항산화 작용을 하여 노화를 예방하고 세포를 보호한다.

재료 및 분량

냉이 1kg
소금 약간

절임 간장

맛국물 2C(정수한 물)
진간장 1C
국간장 1C
설탕 1.5C
식초 1C
소주(청주) 1/2C
매실액 1C
버섯 가루 1T

만드는 법

1 냉이를 깨끗이 씻어 물기를 제거한 후, 손질해 둔다.

2 냄비에 절임 간장 재료를 넣고 끓인다. 끓어오르면 불을 줄이고 2~3분 정도 더 끓인다.

3 냉이를 용기에 담고, 그 위에 준비한 절임 간장을 골고루 붓는다.

4 실온에서 1~2일 숙성하고 다시 한번 끓여서 식힌 다음 냉장 보관한다.

Tip ── • 냉이는 뿌리에 흙이 많으므로 물에 여러 번 헹궈 깨끗이 씻어야 한다.

• 억센 뿌리 부분은 살짝 잘라내고, 남은 뿌리는 칼등으로 긁어서 깨끗하게 다듬어야 한다.

• 흙냄새를 없애고 아삭한 식감을 살리기 위해 10분 정도 연한 소금물에 담갔다가 헹군다.

• 끓는 물에 30초~1분 정도 데치고 찬물에 헹군 다음, 꾸들꾸들하게 말려서 간장 물이 잘 배어들 수 있도록 한다.

황새 냉이

특징 및 효능

- 십자화과에 속하는 야생 식물로, 주로 산과 들에서 자라는 봄철 나물이다. 냉이와 비슷하지만, 잎이 더 크고 키가 크며, 황새의 부리를 닮은 씨앗 모양 때문에 '황새냉이'라고 부른다.
- 비타민 C, 미네랄이 풍부하여 면역력을 높이고, 감기 예방에 도움이 된다. 봄철 입맛을 돋우고 원기 회복을 도와준다.

재료 및 분량

황새냉이 1kg
소금 약간

절임 간장

맛국물 2C(정수한 물)
진간장 1C
국간장 1C
설탕 1.5C
식초 1C
소주(청주) 1/2C
매실액 1C
버섯 가루 1T

만드는 법

1 황새냉이를 깨끗이 씻어 물기를 제거한다.

2 너무 긴 뿌리는 적당히 잘라준다.

3 냄비에 절임 간장 재료를 넣고 끓인다. 끓어오르면 불을 줄이고 2~3분 정도 더 끓인다.

4 황새냉이를 용기에 담고, 그 위에 준비한 절임 간장을 골고루 붓는다.

5 실온에서 1~2일 숙성한 후 다시 한번 끓이고 식혀서 냉장 보관한다.

Tip —— • 끓는 물에 30초~1분 정도 데쳐서 찬물에 헹궈서 꾸들꾸들하게 말려서 간장 물이 잘 배어들 수 있도록 한다.

• 아삭한 식감과 고소한 맛이 조화를 이루어 다양한 요리의 곁들임 반찬으로 잘 어울린다.

뽕잎

특징 및 효능

- 생잎은 약간 쌉싸름한 맛이 있으며, 가열하면 부드럽고 달큰한 맛이 난다.
- 건조하여 차로 끓이면 은은한 단맛과 구수한 향이 느껴진다.
- 비타민 A · C, 칼슘, 철분이 풍부하여 면역력 강화와 뼈 건강에 도움이 된다.
- 루틴(Rutin)과 퀘르세틴(Quercetin) 성분이 함유되어 혈압 조절 및 혈관 건강에 도움을 준다.

재료 및 분량

뽕잎 1kg
소금 약간

절임 간장

맛국물 2C(정수한 물)
진간장 1C
국간장 1C
설탕 1.5C
식초 1C
소주(청주) 1/2C
매실액 1C
버섯 가루 1T

만드는 법

1 뽕잎을 깨끗이 씻어 물기를 제거한다.

2 잎이 크면 작게 잘라주거나, 통째로 사용하면 된다.

3 끓는 물에 소금을 약간 넣고 30초~1분 정도 데친 후 찬물에 헹군다. 찬물에 담가두면 쌉싸름한 맛이 줄어든다. 데친 후에는 체에 밭쳐 물기를 잘 제거해야 장아찌가 물러지지 않는다.

4 냄비에 절임 간장 재료를 넣고 끓인다. 끓어오르면 불을 줄이고 2~3분 정도 더 끓인다.

5 뽕잎을 용기에 담고, 그 위에 준비한 절임 간장을 골고루 붓는다.

6 실온에서 1~2일 숙성시킨 후 다시 한번 끓여서 식혀서 냉장 보관한다.

Tip ——
- 연하고 부드러운 어린 뽕잎이 장아찌용으로 적당하다.
- 뽕잎 표면에 미세한 털이 있어 이물질이 붙기 쉬우므로 찬물에 여러 번 헹구고 흐르는 물에 깨끗이 씻어야 한다.
- 부드러운 식감을 원하면 뽕잎을 살짝 데쳐서 소금물(소금 1큰술, 물 1L)에 30분 정도 절였다가 사용하면 좋다.

∞

고춧잎

특징 및 효능

- 고춧잎은 독특한 향과 영양이 풍부한 건강 식재료로, 다양한 방식으로 활용할 수 있다. 조리하면 부드러워지며, 특유의 감칠맛이 난다.
- 비타민 A · C, 칼슘, 철분이 풍부하여 면역력 강화와 뼈 건강에 도움이 된다.
- 클로로필(엽록소)과 플라보노이드가 포함되어 항산화 작용을 하며, 해독 효과가 있다.

재료 및 분량

고춧잎 1kg
소금 약간

절임 간장

맛국물 2C(정수한 물)
진간장 1C
국간장 1C
설탕 1.5C
식초 1C
소주(청주) 1/2C
매실액 1C
버섯 가루 1T

만드는 법

1 고춧잎을 깨끗이 씻고, 줄기에서 잎만 따거나 부드러운 줄기를 사용한다.

2 끓는 물에 소금을 약간 넣고 30~40초 정도 데친 후 찬물에 헹군다. 찬물에 담가두면 쓴맛이 줄어든다. 데친 후에는 체에 밭쳐 물기를 잘 제거해야 장아찌가 물러지지 않는다.

3 냄비에 절임 간장 재료를 넣고 끓인다. 끓어오르면 불을 줄이고 2~3분 정도 더 끓인다.

4 뽕잎을 용기에 담고, 그 위에 준비한 절임 간장을 골고루 붓는다.

5 실온에서 1~2일 숙성한 후 다시 한번 끓여서 식혀서 냉장 보관한다.

Tip ── • 여름에서 초가을 사이에 주로 수확하며, 고추가 맺히기 전에 어린잎을 채취하는 것이 부드럽다.

• 고춧잎을 끓는 물에 30~40초 정도 짧게 데친 후 찬물에 헹궈야 색이 선명하고 식감이 좋아진다.

• 데친 후 체에 밭쳐 물기를 꼭 짜야 장아찌 국물이 탁해지지 않는다.

∞

깻잎

특징 및 효능

- 깻잎과 된장을 이용하여 만든 전통적인 한국의 장아찌로 깻잎의 향과 된장의 깊은 맛이 어우러진 독특한 풍미가 특징이다.
- 깻잎은 향긋하고 톡 쏘는 맛이 있어 된장과 잘 어울리며, 매콤하고 짭짤한 맛이 좋다.
- 된장에 포함된 효소가 소화를 돕고, 깻잎에 함유된 식이섬유가 장 건강에 유익하다.
- 깻잎과 된장 모두 항산화 성분이 풍부하여 세포 노화 방지와 면역력 증진에 효과적이다.

재료 및 분량

깻잎 1kg
소금 약간

된장 양념

된장 3C
물엿 2C
맛술 1C
맛 육수 2C
버섯 가루(생강, 마늘 가루) 3T
설탕 2T

만드는 법

1   깻잎을 깨끗이 씻어 물기를 제거한 후, 슴슴한 소금물(물 1L, 소금 10g)에 1~2시간 정도 절인다.

2   된장 양념을 살짝 끓인 후 식힌다.

3   볼에 된장 양념을 넣고 잘 섞어 손질한 깻잎에 켜켜이 바른다.

4   실온에서 1~2일 숙성한 후 냉장 보관한다.

Tip ─
- 깻잎은 잎이 파란색이면서 주름이 없고, 변색하지 않은 것이 좋다.
- 깻잎의 줄기를 잘라내고, 필요한 경우 잎을 반으로 잘라 준비한다.
- 소금물에 10~20분 정도 절여 수분을 제거하고, 간이 잘 스며들게 한다. 절인 후에는 물기를 잘 제거해서 사용해도 된다.

산취나물

특징 및 효능

- 국화과 식물로, 특유의 향과 함께 다양한 영양소를 함유하고 있다.
- 줄기가 비교적 긴 편으로 보통 50~100cm 정도까지 자라며, 환경에 따라 더 길게 자라기도 한다.
- 폴리페놀 등 항산화 성분이 풍부하여 세포 손상을 줄이고, 노화 방지에 도움을 줄 수 있다.
- 산취나물의 쌉싸름한 맛이 소화 효소 분비를 촉진하여 소화 기능을 돕는 역할을 한다.
- 비타민과 미네랄이 혈액 순환을 원활하게 하여 피로 해소에 도움을 줄 수 있다.

재료 및 분량

산취나물 1kg
소금 약간

절임 간장

맛국물 2C(정수한 물)
진간장 1C
국간장 1C
설탕 1.5C
식초 1C
소주(청주) 1/2C
매실액 1C
버섯 가루 1T

만드는 법

1 산취나물을 깨끗이 씻어 물기를 제거한다.

2 줄기가 긴 경우 적당한 길이로 잘라준다.

3 냄비에 절임 간장 재료를 넣고 끓인다. 끓어오르면 불을 줄이고 2~3분 정도 더 끓인다.

4 산취나물을 용기에 담고, 그 위에 준비한 절임 간장을 골고루 붓는다.

5 실온에서 1~2일 숙성한 후 다시 한번 끓여서 식혀서 냉장 보관한다.

Tip —— • 보통 어린잎과 줄기를 함께 채취해서 먹으며, 줄기가 너무 굵거나 억세지기 전에 수확하는 것이 좋다.

• 세척 후에는 물기를 충분히 제거해야 장아찌 국물이 묽어지지 않고 보관이 잘 된다.

• 산취나물은 생으로도 장아찌를 만들 수 있지만, 부드럽게 만들고 쓴맛을 줄이려면 끓는 물에 10~15초 정도 살짝 데친 후 찬물에 헹궈 사용하면 좋다.

명이나물(산마늘)

특징 및 효능

- 명이나물은 산마늘(Allium victorialis var. platyphyllum)의 한 종류로, 알싸한 향과 부드러운 식감이 특징인 산채다. 주로 강원도 · 울릉도 등지의 고산지대에서 자라며, 잎이 넓고 마늘 향이 난다.
- 장아찌로 가장 많이 활용되며, 주로 고기와 함께 먹는다. 특히 삼겹살과 잘 어울린다.
- 비타민과 항산화 성분이 풍부하여 면역력 증진, 혈액순환 개선 등의 효과가 있다.

재료 및 분량

명이나물 1kg
소금 약간

절임 간장

맛국물 2C(정수한 물)
진간장 1C
국간장 1C
설탕 1.5C
식초 1C
소주(청주) 1/2C
매실액 1C
버섯 가루 1T

만드는 법

1 명이나물을 깨끗이 씻어 물기를 제거한다.

2 줄기가 너무 길면 적당한 길이로 잘라준다.

3 냄비에 절임 간장 재료를 넣고 끓인다. 끓어오르면 불을 줄이고 2~3분 정도 더 끓인다.

4 명이나물을 용기에 담고, 그 위에 준비한 절임 간장을 골고루 붓는다.

5 실온에서 1~2일 숙성한 후 다시 한번 끓이고 식혀서 냉장 보관한다.

Tip —— • 너무 억세거나, 늙은 잎보다는 부드럽고 연한 잎이 장아찌용으로 적합하다.

• 쓴맛이 강한 경우 끓은 물에 소금을 넣고 10~15초 정도 살짝 데친 후 찬물에 헹구어 사용하면 쓴맛이 줄어든다.

• 생잎으로 담그는 경우 신선한 잎을 바로 절여야 향과 식감이 더욱 풍부해진다.

∞

질경이

특징 및 효능

- 질경이(Plantago asiatica)는 들판이나 길가에서 쉽게 볼 수 있는 여러해살이풀로, 강한 생명력과 다양한 약효를 지닌 식물이다. 잎이 넓고 탄력 있으며, 씹으면 약간의 점액질이 느껴진다.
- 한방에서 '차전자(車前子)'라는 이름으로 불리고, 소화와 이뇨 작용 · 위장 건강에 도움을 주며, 몸속 노폐물 배출을 촉진한다.
- 국이나 찌개, 된장국 등에 넣어 먹으면 향이 은은하게 난다.

재료 및 분량

질경이 1kg
소금 약간

절임 간장

맛국물 2C(정수한 물)
진간장 1C
국간장 1C
설탕 1.5C
식초 1C
소주(청주) 1/2C
매실액 1C
버섯 가루 1T

만드는 법

1. 질경이를 깨끗이 씻어 물기를 제거한다.

2. 줄기가 길면 적당한 길이로 잘라준다.

3. 끓는 물에 소금을 약간 넣고 30초~1분 정도 데친 후 찬물에 헹군다. 찬물에 담가두면 쓴맛이 줄어든다. 데친 후에는 체에 받쳐 물기를 잘 제거해야 장아찌가 무르지 않는다.

4. 냄비에 절임 간장 재료를 넣고 끓인다. 끓어오르면 불을 줄이고 2~3분 정도 더 끓인다.

5. 질경이를 용기에 담고, 그 위에 준비한 절임 간장을 골고루 붓는다.

6. 실온에서 1~2일 숙성한 후 다시 한번 끓여서 식혀서 냉장 보관한다.

Tip ——
- 질경이 잎은 조직이 질긴 편으로, 데쳐서 사용하면 식감이 부드러워진다.
- 끓는 물에 소금을 약간 넣고 30초~1분 정도 살짝 데친 후, 찬물에 헹궈 10~15분 정도 담가 떫은맛을 줄인 후 물기를 꼭 짠다.
- 데친 후 찬물에 헹궈서 식히면 잎이 더 부드러워지고 색깔도 선명해진다.

∞

개망초

특징 및 효능

- 한국을 비롯한 아시아 지역에서 자생하는 여러해살이풀이다. 생명력이 뛰어나 다양한 환경에서 자생하며 식용과 약용으로 활용되는 유용한 식물이다.
- 어린줄기와 잎은 나물로 사용되며, 찌개나 무침으로 조리할 수 있다.
- 전통적으로 소화 불량, 해열 등 여러 효능이 있다고 알려져 있다.

재료 및 분량

개망초 1kg
소금 약간

절임 간장

맛국물 2C(정수한 물)
진간장 1C
국간장 1C
설탕 1.5C
식초 1C
소주(청주) 1/2C
매실액 1C
버섯 가루 1T

만드는 법

1 어린 개망초 잎과 줄기를 골라 깨끗이 씻는다.

2 끓는 물에 소금을 약간 넣고 30초~1분 정도 데친 후 찬물에 헹군다. 찬물에 담가두면 쓴맛이 줄어든다. 데친 후에는 체에 밭쳐 물기를 잘 제거해야 장아찌가 물러지지 않는다.

3 냄비에 절임 간장 재료를 넣고 끓인다. 끓어오르면 불을 줄이고 2~3분 정도 더 끓인다.

4 개망초를 용기에 담고, 그 위에 준비한 절임 간장을 골고루 붓는다.

5 실온에서 1~2일 숙성한 후 다시 한번 끓여서 식혀서 냉장 보관한다.

Tip —— • 큰 볼에 개망초를 넣고, 소금 4T을 물 6C에 녹인 소금물에 30분 정도 절여서 사용해도 된다. 절인 후 물기를 제거하고 체에 밭쳐 둔다.

• 어린순을 채취해 살짝 데쳐서 말려서 묵나물로 만들어 먹으면 맛있다.

∞

세발나물

특징 및 효능

- 세발나물은 '갯냉이'라고도 불리며, 바닷가나 습기 있는 지역에서 자생하는 여러해살이풀이다.
- 신선할 때는 아삭하고 상큼한 맛을 지니며, 약간의 쓴맛이 느껴질 수 있다.
- 독특한 향이 있어 나물이나 샐러드에 사용될 때 그 맛을 더해준다.

재료 및 분량

세발나물 1kg
소금 약간

절임 간장

맛국물 2C(정수한 물)
진간장 1C
국간장 1C
설탕 1.5C
식초 1C
소주(청주) 1/2C
매실액 1C
버섯 가루 1T

만드는 법

1 세발나물을 깨끗이 씻어 물기를 제거한 후, 손질해 둔다.

2 냄비에 절임 간장 재료를 넣고 끓인다. 끓어오르면 불을 줄이고 2~3분 정도 더 끓인다.

3 세발나물을 용기에 담고, 그 위에 준비한 절임 간장을 골고루 붓는다.

4 실온에서 1~2일 숙성한 후 다시 한번 끓여 식혀서 냉장 보관한다.

Tip ——
• 1~2일 정도만 숙성하면 바로 먹을 수 있다. 절임 간장은 끓인 후 완전히 식힌 상태에서 사용해야 세발나물의 아삭한 식감을 유지할 수 있다.

• 살짝 데치거나 연한 소금물에 약 30분 정도 절이면 간이 잘 배면서도 아삭한 식감을 유지할 수 있다.

곤드레(고려엉겅퀴)

특징 및 효능

- 가느다란 줄기와 둥글거나 길쭉이 잎이 특징이며, 잎 가장자리에 잔 톱니가 있다.
- 장아찌를 담글 때는 나물의 특성상 수분 함량이 높아 쉽게 물러질 수 있다.
- 강원도 산간 지역에서 많이 자라며, 특유의 부드러운 식감과 구수한 향으로 유명하다.
- 쓴맛이 거의 없고, 은은한 고소한 맛이 있으며 식감이 부드럽다.
- 식이섬유, 비타민 A, 칼슘, 철분이 풍부하여 건강식으로 주목받는다.

재료 및 분량

곤드레 1kg
소금 약간

절임 간장

맛국물 2C(정수한 물)
진간장 1C
국간장 1C
설탕 1.5C
식초 1C
소주(청주) 1/2C
매실액 1C
버섯 가루 1T

만드는 법

1 곤드레를 깨끗이 씻어 물기를 제거한 후, 손질해 둔다.

2 냄비에 절임 간장 재료를 넣고 끓인다. 끓어오르면 불을 줄이고 2~3분 정도 더 끓인다.

3 곤드레를 용기에 담고, 그 위에 준비한 절임 간장을 골고루 붓는다.

4 실온에서 1~2일 숙성한 후 다시 한번 끓여 식혀서 냉장 보관한다.

Tip —— • 잔털이 많아 흐르는 물에 여러 번 씻어야 한다.

• 끓는 물에 소금을 넣고 30초~1분 정도 데친 후 찬물에 헹궈 색을 유지하고 채반에 넣어 바람에 살짝 말리거나, 면포로 눌러 물기를 제거하면 좋다.

• 감칠맛을 더하고 싶으면 다시마, 건표고버섯, 팔각 등을 함께 넣어 우린 후 사용하면 좋다.

• 바로 절임 간장을 바로 부으면 국물이 탁해진다.

적근대

∞

특징 및 효능

- 근대의 일종으로, 잎이 넓고 두꺼우며, 줄기는 굵고 부드럽다. 뿌리 부분은 붉은색을 띠며, 크기는 다양하다.
- 고소하고 약간 단맛이 있으며, 질감이 부드럽고 아삭한 식감이 있다.
- 비타민 A · C · K 및 미네랄(철, 칼슘 등)이 풍부하여 건강에 좋고, 식이섬유도 다량 함유하고 있어 소화에 도움을 준다.
- 봄과 가을에 재배되며, 이 시기에 신선한 것을 소비하는 것이 좋다.

재료 및 분량

적근대 1kg
소금 약간

절임 간장

맛국물 2C(정수한 물)
진간장 1C
국간장 1C
설탕 1.5C
식초 1C
소주(청주) 1/2C
매실액 1C
버섯 가루 1T

만드는 법

1 적근대를 깨끗이 씻어 물기를 제거한 후, 손질해 둔다.

2 줄기가 억세고 길면 적당한 길이로 잘라준다.

3 냄비에 절임 간장 재료를 넣고 끓인다. 끓어오르면 불을 줄이고
   2~3분 정도 더 끓인다.

4 적근대를 용기에 담고, 그 위에 준비한 절임 간장을 골고루 붓는다.

5 실온에서 1~2일 숙성한 후 다시 한번 끓여 식혀서 냉장 보관한다.

Tip ── • 줄기가 단단하고 잎이 싱싱한 것이 좋다.

        • 적근대를 적당한 크기로 자르고 소금에 절여서 수분을 제거한다. 보통 30분~1시간 정도
          절이는 것이 좋다. 이렇게 하면 아삭한 식감이 유지된다.

∞

제피잎

특징 및 효능

- 제피잎은 제피나무(Zanthoxylum schinifolium)의 잎을 의미한다. 제피나무는 한국, 일본, 중국 등에 자생하는 산초과(Zanthoxylum) 식물로, 특히 우리나라에서는 산초와 비슷하지만 구별되는 향과 맛을 가진 식물로 알려졌다.
- 제피잎은 상쾌한 향과 살짝 얼얼한 매운맛이 있다. 신선한 잎은 요리에 허브처럼 사용되며, 말린 잎은 향신료로 쓰이기도 한다.
- 산초잎과 비교하면 향이 더 부드럽고 신맛이 적다.
- 제피나무의 열매는 '제피' 또는 '초피'라고 부르며, 이 열매에서 기름을 짜서 '제피기름'을 만들기도 한다.

재료 및 분량

제피잎 1kg
소금 약간

절임 간장

맛국물 2C(정수한 물)
진간장 1C
국간장 1C
설탕 1.5C
식초 1C
소주(청주) 1/2C
매실액 1C
버섯 가루 1T

만드는 법

1 제피잎은 깨끗이 씻어 물기를 제거한 후, 손질해 둔다.

2 생잎을 그대로 절이면 쓴맛과 떫은맛이 강할 수 있으므로 뜨거운 물에 10~20초 정도로 살짝 데친 후에는 바로 찬물에 담가 색과 향을 유지하도록 한다.

3 냄비에 절임 간장 재료를 넣고 끓인다. 끓어오르면 불을 줄이고 2~3분 정도 더 끓인다.

4 제피잎을 용기에 담고, 그 위에 준비한 절임 간장을 골고루 붓는다.

5 실온에서 1~2일 숙성한 후 다시 한번 끓여 식혀서 냉장 보관한다.

Tip ——
• 일반 장아찌보다 소금과 식초 비율을 낮추고, 설탕을 적절히 넣어야 제피잎 특유의 향과 맛이 돋보인다.

• 간장 장아찌를 만들 경우, 재워두는 시간이 길어지면 너무 짜질 수 있으므로 중간에 절임 간장을 한 번 끓여서 식힌 후 다시 부어주는 방법도 좋다.

• 식초를 너무 많이 넣으면 잎이 질겨질 수 있으므로 적당량을 넣어야 한다.

∞

쑥부쟁이

특징 및 효능

- 섬쑥부쟁이(Aster sphathulifolius)는 국화과(Asteraceae)에 속하는 여러해살이풀로, 한국을 비롯한 동아시아 해안지역에서 자생하는 식물이다. 주로 해안가 바위틈이나 모래땅에서 자라며, 생명력이 강한 것이 특징이다.
- 잎이 두껍고 윤기가 있으며, 모양이 주걱처럼 둥글고 넓다.
- 특유의 향과 씹는 맛이 있어 요리에 많이 사용되고, 해풍을 맞고 자라서 미네랄이 풍부하다고 알려져 있다.

재료 및 분량

쑥부쟁이 1kg

절임 간장

맛국물 2C(정수한 물)
진간장 1C
국간장 1C
설탕 1.5C
식초 1C
소주(청주) 1/2C
매실액 1C
버섯 가루 1T

만드는 법

1   쑥부쟁이는 깨끗이 씻어 물기를 제거한 후, 손질해 둔다.

2   냄비에 절임 간장 재료를 넣고 끓인다. 끓어오르면 불을 줄이고 2~3분 정도 더 끓인다.

3   섬쑥부쟁이를 용기에 담고, 그 위에 준비한 절임 간장을 골고루 붓는다.

4   실온에서 1~2일 숙성한 후 다시 한번 끓여 식혀서 냉장 보관한다.

Tip —— • 절임 간장을 따라내어 다시 끓인 후 식혀서 부어주면 장아찌의 맛과 보관기간을 늘릴 수 있다.

• 소주를 약간 첨가하면 장아찌의 보존성을 높일 수 있다.

∞

산수유잎

특징 및 효능

- 봄에 노란 꽃을 피우고, 가을에 붉은 열매를 맺는다.
- 산수유잎 특유의 약간 떫은맛과 쌉싸름한 맛이 있다.
- 숙성되면서 감칠맛과 깊은 풍미가 더해진다.
- 고기 요리나 밥반찬으로 잘 어울린다.
- 산수유잎 장아찌는 건강식으로 주목받으며, 봄철에만 즐길 수 있는 별미 중 하나다.

재료 및 분량

산수유잎 1kg
소금 약간

절임 간장

맛국물 2C(정수한 물)
진간장 1C
국간장 1C
설탕 1.5C
식초 1C
소주(청주) 1/2C
매실액 1C
버섯 가루 1T

만드는 법

1   산수유잎은 깨끗이 씻어 물기를 제거한 후, 손질해 둔다.

2   냄비에 절임 간장 재료를 넣고 끓인다. 끓어오르면 불을 줄이고 2~3분 정도 더 끓인다.

3   산수유잎을 용기에 담고, 그 위에 준비한 절임 간장을 골고루 붓는다.

4   실온에서 1~2일 숙성한 후 다시 한번 끓여 식혀서 냉장 보관한다.

Tip —— · 어린잎을 사용하는 것이 좋다. 너무 크거나 질긴 잎은 식감이 좋지 않다.

· 끓는 물에 살짝 데쳐 쓴맛을 제거한다.

· 찬물에 담가 아린 맛을 제거하는 과정이 필요하다.

부지깽이

특징 및 효능

- 국화과에 속하는 한해살이 또는 두해살이 풀이다. 주로 들이나 길가에서 자라며, 봄철 나물로 즐겨 먹는다.
- 잎과 줄기가 부드럽고 살짝 쌉싸름한 맛이 있어 나물이나 장아찌로 활용된다.
- 섬유질이 풍부하여 소화 작용을 돕고, 장운동을 촉진해 변비 예방에 도움이 된다. 예로부터 간을 보호하고 해독 작용이 뛰어나다고 알려져 있다.

재료 및 분량

부지깽이 1kg
식초 약간

절임 간장

맛국물 2C(정수한 물)
진간장 1C
국간장 1C
설탕 1.5C
식초 1C
소주(청주) 1/2C
매실액 1C
버섯 가루 1T

만드는 법

1 부지깽이는 깨끗이 씻어 물기를 제거한 후, 손질해 둔다.

2 냄비에 절임 간장 재료를 넣고 끓인다. 끓어오르면 불을 줄이고 2~3분 정도 더 끓인다.

3 부지깽이를 용기에 담고, 그 위에 준비한 절임 간장을 골고루 붓는다.

4 실온에서 1~2일 숙성한 후 다시 한번 끓여 식혀서 냉장 보관한다.

Tip ——
- 부지깽이는 들이나 길가에서 자라는 경우가 많아 먼지와 이물질이 묻어 있을 수 있으므로 꼼꼼하게 씻어야 한다.
- 흐르는 물에 여러 번 헹군 후 식초 물에 5~10분 정도 담갔다가 헹궈주면 불순물을 깔끔하게 제거할 수 있다.

경채류

●── 채소 맛국물

물 3L, 당근 200g, 무 300g, 대파 흰 부분 20cm, 건표고버섯 4개, 양파 1/2개, 통마늘 10개, 다시마 10×10cm 2장 등 재료를 잘게 썰어서 마른 팬에 노릇노릇 구워서 물을 넣고 중·약불에서 20분간 끓인다. 채소 육수 재료를 여유 있게 구워서 봉지에 넣어 냉동실에 넣었다가 필요할 때 사용하면 편리하다.

아스파라거스

∞

특징 및 효능

- 비타민 C · E, 글루타티온, 폴리페놀 등의 항산화 물질이 풍부해 세포 손상을 방지하고 노화 예방에 도움을 준다.
- 함유된 아스파라긴산은 이뇨 작용을 촉진하여 체내 노폐물 배출을 돕고, 신장 건강에 긍정적인 영향을 미친다.

재료 및 분량

아스파라거스 1kg
소금 약간

절임 간장

맛국물 2C(정수한 물)
진간장 1C
국간장 1C
설탕 1.5C
식초 1C
소주(청주) 1/2C
매실액 1C
청국장 가루 2T

만드는 법

1 아스파라거스를 깨끗이 씻어 물기를 제거한 후, 손질해 둔다.

2 냄비에 절임 간장 재료를 넣고 끓인다. 끓어오르면 불을 줄이고 2~3분 정도 더 끓여서 체에 밭친다.

3 아스파라거스를 용기에 담고, 접시를 올려서 그 위에 준비한 절임 간장을 뜨거울 때 붓는다.

4 실온에서 1~2일 숙성한 후 다시 한번 끓여 식혀서 냉장 보관한다.

Tip ——
• 너무 굵은 것은 섬유질이 많아 식감이 질길 수 있다. 아스파라거스를 깨끗이 씻은 후, 끓는 물에 소금을 살짝 넣고 1~2분 정도 데쳐야 질긴 식감이 부드러워진다.

• 밑부분의 딱딱한 섬유질(약 2~3cm)은 잘라내고, 필요하면 필러로 껍질을 살짝 벗긴다.

• 뜨거운 절임 간장을 부으면 색이 변할 수 있으므로, 식혀서 부으면 선명한 녹색을 유지할 수 있다.

백 아스파라거스

특징 및 효능

- '화이트 아스파라거스'로 알려져 있으며, 이는 아스파라거스를 재배할 때 햇빛을 차단하여 엽록소 생성을 억제함으로써 흰색을 띠게 한 것이다.
- 화이트 아스파라거스는 유럽에서 특히 인기가 높으며, 네덜란드 · 스페인 · 프랑스 · 폴란드 등에서 널리 재배되고 있다.
- '아스파라거스 알버스(Asparagus albus)'라는 식물이 있는데, 이는 남유럽과 북아프리카가 원산지인 상록 관목으로, 주로 온실에서 관상용으로 재배된다.

재료 및 분량

백 아스파라거스 1kg
소금 약간

소금 양념

정수한 물 4C
식초 2C
설탕 2C
소금 2T
피클링 스파이스 2T
월계수잎 2장
감초 1개

만드는 법

1 백 아스파라거스를 깨끗이 씻어 물기를 제거한 후, 적당한 크기로 썬다.

2 냄비에 소금 양념 재료를 넣고 끓인다. 끓어오르면 불을 줄이고 2~3분 정도 더 끓인 후 체에 밭친다.

3 백 아스파라거스를 용기에 담고, 접시를 올려서 그 위에 준비한 소금 양념을 뜨거울 때 붓는다.

4 실온에서 1~2일 숙성한 후 다시 한번 끓여 식혀서 냉장 보관한다.

Tip ─ • 섬유질이 많아 줄기 끝부분을 2~3cm 정도 자르고, 필러로 껍질을 벗기는 게 좋다.

• 깨끗이 씻은 후 끓는 물에 소금을 살짝 넣고 1~2분 정도 데쳐야 질긴 식감이 부드러워진다.

• 데친 후 바로 얼음물에 담가 색과 식감을 유지하도록 한다.

∞

죽순

특징 및 효능

- 죽순(Bamboo shoots)은 대나무의 어린싹으로, 인기가 많은 식재료다. 주로 아시아 요리에 사용되며, 아삭아삭한 식감과 독특한 맛이 있다.
- 칼로리가 낮고 지방 함량도 적어 다이어트 식품으로 인기 있다.
- 식이섬유가 풍부하여 소화에 도움을 주고 변비 예방에 효과적이다.
- 비타민 B군, 비타민 C, 칼슘, 마그네슘 등이 함유되어 있어 영양가가 높다.

재료 및 분량

죽순 1kg
쌀뜨물, 소금 약간씩

절임 고추장

고추장 3C
고춧가루 1/2C
국간장 2T
맛술 1C
버섯(마늘, 생강)가루 3T
조청 1C
설탕 2T
소금 약간

만드는 법

1 죽순의 겉껍질을 제거하고, 부드러운 속 부분만 남긴다. 속이 연하고 부드러워야 장아찌 만들기에 적합하다.

2 쌀뜨물에 소금을 약간 넣고 1~2분 정도 데친 후 찬물에 헹군다. 찬물에 담가두면 쓴맛이 줄어든다. 데친 후에는 체에 밭쳐 물기를 잘 제거해야 장아찌가 물러지지 않는다.

3 냄비에 절임 고추장 재료를 넣고 살짝 끓여서 식힌다.

4 볼에 절임 고추장 양념을 잘 섞어 손질한 죽순을 버무린다. 부족한 간은 소금으로 맞춘다.

5 농도, 당도는 기호에 따라 조절한다.

6 실온에서 1~2일 숙성한 후 다시 한번 끓여 식혀서 냉장 보관한다.

Tip —— • 죽순은 특유의 쓴맛이 있으므로, 데치는 과정이 꼭 필요하다.

• 장아찌를 더 아삭하게 즐기고 싶다면, 데친 후 물기를 완전히 제거하는 것이 중요하다.

• 마늘, 고추, 생강 등을 추가하면 풍미가 더욱 좋아진다.

• 고춧가루나 후추를 넣어 매콤한 맛을 추가할 수 있다.

엽경채류

● 채소 맛국물

물 3L, 당근 200g, 무 300g, 대파 흰 부분 20cm, 건 표고버섯 4개, 양파 1/2개, 통마늘 10개, 다시마 10×10cm 2장 등 재료를 잘게 썰어서 마른 팬에 노릇노릇 구워서 물을 넣고 중·약불에서 20분간 끓인다. 채소 육수 재료를 여유 있게 구워서 봉지에 넣어 냉동실에 넣었다가 필요할 때 사용하면 편리하다.

∞

곤달비

특징 및 효능

- 대표적인 산나물로, 여러 가지 건강 증진 효과가 있다.
- 비타민 C와 플라보노이드가 풍부하여 항산화 작용을 통해 세포 손상을 방지하고 면역력을 강화하는 데 도움을 준다.
- 플라보노이드와 폴리페놀 성분은 염증을 줄이는 데 도움을 준다.

재료 및 분량

곤달비 1kg
소금 약간

절임 간장

맛국물 2C(정수한 물)
진간장 1C
국간장 1C
설탕 1.5C
식초 1C
소주(청주) 1/2C
매실액 1C
버섯 가루 1T

만드는 법

1 곤달비를 깨끗이 씻어 물기를 제거한 후, 손질해 둔다.
2 냄비에 절임 간장 재료를 넣고 끓인다. 끓어오르면 불을 줄이고 2~3분 정도 더 끓인다.
3 곤달비를 용기에 담고, 그 위에 준비한 절임 간장을 골고루 붓는다.
4 실온에서 1~2일 숙성한 후 다시 한번 끓여 식혀서 냉장 보관한다.

Tip ── • 줄기가 너무 굵거나 너무 긴 경우에는 적당한 길이로 잘라 다듬는다.
• 끓는 물에 데쳐 1~2분 정도 데쳐 쓴맛을 제거하고, 부드럽게 한다.
• 데친 후 즉시 찬물에 헹궈 식히고, 물기를 제거한다.

∞

참나물

특징 및 효능

- 미나릿과에 속하는 식물로, 줄기가 가늘고 잎이 작으며, 손바닥 모양을 닮았다.
- 상쾌하면서도 약간의 쌉싸름한 맛이 나고, 특유의 향긋한 향이 있다.
- 비타민 A · C, 칼슘, 철분 등이 풍부해서 면역력 강화와 피부 건강에 좋고, 식이섬유가 풍부해 장 건강에도 도움이 된다.

재료 및 분량

참나물 1kg
소금 약간

절임 간장

맛국물 2C(정수한 물)
진간장 1C
국간장 1C
설탕 1.5C
식초 1C
소주(청주) 1/2C
매실액 1C
버섯 가루 1T

만드는 법

1 참나물을 깨끗이 씻어 물기를 제거한 후, 손질해 둔다.

2 냄비에 절임 간장 재료를 넣고 끓인다. 끓어오르면 불을 줄이고 2~3분 정도 더 끓인다.

3 참나물을 용기에 담고, 그 위에 준비한 절임 간장을 골고루 붓는다.

4 실온에서 1~2일 숙성한 후 다시 한번 끓여 식혀서 냉장 보관한다.

Tip ——
- 데치지 않고 생으로 절이면 향이 더 살아나지만, 부드러운 식감을 원하면 끓는 물에 5초 정도 살짝 데친 후 얼음물에 식혀 사용하면 좋다.
- 절임 간장은 한 번 끓인 후 완전히 식혀야 부었을 때 나물이 익지 않고 아삭한 식감을 유지할 수 있다.

∞

풋마늘 대

특징 및 효능

- 알리신(Allicin)이라는 강력한 항균 및 항산화 성분이 있어 면역력을 높이고 감기 예방에 도움이 된다.
- 비타민 C와 베타카로틴이 풍부해 활성산소를 제거하고 세포 노화를 방지하는 데 도움이 된다.

재료 및 분량

풋마늘 대 1kg
소금 약간

절임 간장

맛국물 2C(정수한 물)
진간장 1C
국간장 1C
설탕 1.5C
식초 1C
소주(청주) 1/2C
매실액 1C
버섯 가루 1T

만드는 법

1   풋마늘 대를 깨끗이 씻어 물기를 제거한 후, 손질해 둔다.

2   냄비에 절임 간장 재료를 넣고 끓인다. 끓어오르면 불을 줄이고 2~3분 정도 더 끓인다.

3   풋마늘 대를 용기에 담고, 그 위에 준비한 절임 간장을 붓는다.

4   실온에서 1~2일 숙성한 후 다시 한번 끓여 식혀서 냉장 보관한다.

Tip —   • 너무 굵거나 질긴 것은 피하고, 연하고 부드러운 것을 선택한다.

• 풋마늘 대 특유의 알싸한 맛을 줄이고 부드럽게 만들기 위해서는 살짝 데쳐도 좋다.

• 데치지 않고 생으로 담글 때는 숙성 기간을 길게 잡는다.

• 감칠맛을 더하려면 다시마, 통후추, 팔각 등을 추가해도 좋다.

코끼리마늘종

특징 및 효능

- 일반 마늘의 마늘종과 비슷하지만, 코끼리 마늘(Elephant Garlic, Allium ampeloprasum)에서 나오는 줄기 부분을 의미한다. 코끼리 마늘 자체가 일반 마늘보다 크고 온화한 맛을 가지므로, 그 마늘종 역시 온화한 맛이다.
- 플라보노이드와 알리신이 함유되어 있어 활성산소를 줄이고, 세포 노화 예방에 도움을 줄 수 있다.
- 비타민 C, 셀레늄, 알리신 성분이 함유되어 있어 면역 기능을 강화하고, 감염을 예방할 수 있다.

재료 및 분량

코끼리마늘종 1kg
소금 2T

절임 간장

맛국물 2C(정수한 물)
진간장 1C
국간장 1C
설탕 1.5C
식초 1C
소주(청주) 1/2C
매실액 1C
버섯 가루 1T

만드는 법

1 코끼리마늘종은 깨끗이 씻어 물기를 제거한 후, 손질해 둔다.

2 냄비에 절임 간장 재료를 넣고 끓인다. 끓어오르면 불을 줄이고 2~3분 정도 더 끓인다.

3 코끼리마늘종을 용기에 담고, 그 위에 준비한 절임 간장을 골고루 붓는다.

4 실온에서 1~2일 숙성한 후 다시 한번 끓여 식혀서 냉장 보관한다.

Tip ——
• 코끼리마늘종은 일반 마늘종보다 연하지만, 살짝 데치면 아삭한 식감을 유지하면서 장아찌가 더 빨리 숙성된다.

• 단맛을 줄이고 싶다면 설탕 대신 조청이나 꿀을 사용하면 된다.

• 풍미를 높이려면 통후추, 건 고추, 다시마, 생강 등을 넣으면 좋다.

• 매운맛을 원한다면 청양고추를 썰어 넣으면 좋다.

∞

미나리

특징 및 효능

- 독소 배출을 돕고, 간 기능을 개선하는 효과가 있으며, 특히 알코올 분해를 촉진하여 숙취 해소에 좋아, 해장국 재료로 자주 사용된다.
- 비타민 C, 플라보노이드, 베타카로틴 등이 풍부해 활성산소를 제거하고 세포 노화 방지에 도움이 된다.

재료 및 분량

미나리 1kg
소금 2T

절임 간장

맛국물 2C(정수한 물)
진간장 1C
국간장 1C
설탕 1.5C
식초 1C
소주(청주) 1/2C
매실액 1C
버섯 가루 1T

만드는 법

1 미나리를 깨끗이 씻어 물기를 제거한 후, 손질해 둔다.

2 손질한 미나리에 소금을 넣고 20~30분 정도 절여 수분을 제거한다.

3 냄비에 절임 간장 재료를 넣고 끓인다. 끓어오르면 불을 줄이고 2~3분 정도 더 끓인다.

4 미나리를 용기에 담고, 그 위에 준비한 절임 간장을 골고루 붓는다.

5 실온에서 1~2일 숙성한 후 다시 한번 끓여 식혀서 냉장 보관한다.

Tip ── • 향이 너무 강한 미나리는 절임 후에도 쓴맛이 남을 수 있다.

• 줄기만 사용할 수도 있지만, 부드러운 잎이 있는 경우 함께 사용하면 좋다.

• 미나리 특유의 쓴맛을 줄이려면 설탕을 조금 늘려 단맛을 강조하는 것이 좋다.

• 뜨거운 절임 간장을 부으면 빨리 숙성되지만, 미나리 식감이 떨어질 수 있다.

박주가리

특징 및 효능

- 길게 뻗는 덩굴성 식물로, 나무나 담장을 타고 오르는 성질이 있다.
- 잎은 심장 모양이며, 줄기는 가늘고 길게 자란다.
- 여름(6~8월)에 연한 자주색 또는 보라색 꽃이 피고, 가을에는 씨앗이 들어있는 열매를 맺는다.
- 차나 한약재 형태로 활용할 수 있으며, 꾸준히 섭취하면 건강 증진에 도움을 줄 수 있는 약용 식물이다.

재료 및 분량

박주가리 1kg
소금 약간

절임 간장

맛국물 2C(정수한 물)
진간장 1C
국간장 1C
설탕 1.5C
식초 1C
소주(청주) 1/2C
매실액 1C
청국장 가루 2T

만드는 법

1 박주가리는 깨끗이 씻어 물기를 제거한 후, 손질해 둔다.

2 냄비에 절임 간장 재료를 넣고 끓인다. 끓어오르면 불을 줄이고 2~3분 정도 더 끓인다.

3 박주가리는 용기에 담고, 그 위에 준비한 절임 간장을 골고루 붓는다.

4 실온에서 1~2일 숙성한 후 다시 한번 끓여 식혀서 냉장 보관한다.

Tip ── • 쓴맛이 강해서 살짝 데쳐서 찬물에 1~2시간 담가두었다 헹구면 더욱 부드러운 맛을 낼 수 있다.

• 감칠맛을 위해 다시마, 통후추, 마늘, 생강 등을 추가하고, 향긋한 풍미와 단맛을 위해 배ㆍ사과ㆍ대추를 추가해도 좋다.

우산나물

특징 및 효능

- 국화과에 속하는 여러해살이풀로, 주로 산지에서 자라는 나물 중 하나이다.
- 키는 50~100cm 정도로 자라며, 줄기가 곧게 뻗고, 잎이 넓고 깃털 모양을 띠며, 톱니 모양의 가장자리가 있다.
- 7~9월경에 흰색 또는 연한 보라색 꽃이 피며, 꽃차례가 우산처럼 펼쳐져 있는 모습이라 '우산나물'이라고 불린다.
- 플라보노이드 · 사포닌 · 폴리페놀 등의 항산화 성분이 풍부하여 세포 손상을 방지하고, 면역력을 높이는 데 도움이 될 수 있다.
- 한방에서는 해열, 해독 작용이 있어 염증 완화에 효과적이라고 알려져 있다.

재료 및 분량

우산나물 1kg

절임 간장

맛국물 2C(정수한 물)
진간장 1C
국간장 1C
설탕 1.5C
식초 1C
소주(청주) 1/2C
매실액 1C
버섯 가루 1T

만드는 법

1 우산나물을 깨끗이 씻어 물기를 제거한 후, 손질해 둔다.

2 줄기가 긴 경우 적당한 길이로 잘라준다.

3 냄비에 절임 간장 재료를 넣고 끓인다. 끓어오르면 불을 줄이고 2~3분 정도 더 끓인다.

4 우산나물을 용기에 담고, 그 위에 준비한 절임 간장을 골고루 붓는다.

5 실온에서 1~2일 숙성한 후 다시 한번 끓여 식혀서 냉장 보관한다.

Tip ——
- 간장 대신 소금물로 절이는 방법도 가능하고, 뜨거운 절임 간장을 부으면 더 빨리 숙성된다.
- 생우산나물은 쓴맛이 강할 수 있으므로 끓는 물에 살짝 데친 후 찬물에 담가 쓴맛을 줄인다.
- 2~3일 후 절임 물을 따라내어 다시 끓여 부으면 깊은 맛이 더해진다.

칡 순

∞

특징 및 효능

- 칡나무(Pueraria lobata)에서 봄부터 초여름까지 자라는 어린 순으로, 부드럽고 영양이 풍부하여 식용으로 활용된다.
- 칡은 빠르게 자라는 덩굴식물이라 칡 순도 길게 뻗어나간다. 어린 순은 연한 녹색을 띠며, 부드러운 털이 있다.
- 플라보노이드와 사포닌 등 항산화 성분이 풍부하여 세포 손상을 예방하고, 노화 방지에 도움이 될 수 있다.

재료 및 분량

칡 순 1kg
소금 약간

절임 간장

맛국물 2C(정수한 물)
진간장 1C
국간장 1C
설탕 1.5C
식초 1C
소주(청주) 1/2C
매실액 1C
청국장 가루 2T

만드는 법

1 칡 순의 껍질을 벗기고 적당한 크기로 썬다.

2 완전히 자란 칡 순은 소금물에 씻은 후 3~4시간 담가 쓴맛을 제거한다. 중간에 물을 2~3번 갈아주면 쓴맛이 더 잘 제거된다.

3 냄비에 절임 간장 재료를 넣고 끓인다. 끓어오르면 불을 줄이고 2~3분 정도 더 끓인다.

4 칡 순을 용기에 담고, 그 위에 준비한 절임 간장을 골고루 붓는다.

5 실온에서 1~2일 숙성한 후 다시 한번 끓여 식혀서 냉장 보관한다.

Tip ——
• 손질한 칡 순을 물기를 제거하고, 살짝 데친 후 펼쳐서 꾸들꾸들 말리면 수분이 덜 생겨 맛이 깊어진다.

• 짧게 숙성해서 신선한 맛을 유지하는 것이 핵심이다.

• 절임 간장을 식힌 후 부으면 아삭한 식감을 유지할 수 있다.

두릅

특징 및 효능

- 두릅은 두릅나무(Aralia elata)의 어린 순으로, 봄철에만 수확할 수 있는 대표적인 산나물이다. 독특한 향과 쌉싸름한 맛이 나며, 영양이 풍부하여 건강식으로 인기가 많다.
- 두릅에 함유된 사포닌과 플라보노이드 성분이 혈압 조절과 혈액 순환 개선에 도움을 준다.
- 식이섬유가 풍부하여 소화를 촉진하고, 변비 해소에 도움을 줄 수 있다.

재료 및 분량

두릅 1kg
소금 약간

절임 간장

맛국물 2C(정수한 물)
진간장 1C
국간장 1C
설탕 1.5C
식초 1C
소주(청주) 1/2C
매실액 1C
버섯 가루 1T

만드는 법

1   두릅을 깨끗이 씻어 물기를 제거한 후, 손질해 둔다.

2   줄기가 긴 경우, 적당한 길이로 잘라준다.

3   냄비에 절임 간장 재료를 넣고 끓인다. 끓어오르면 불을 줄이고
    2~3분 정도 더 끓인다.

4   두릅을 용기에 담고, 그 위에 준비한 절임 간장을 골고루 붓는다.

5   실온에서 1~2일 숙성한 후 다시 한번 끓여 식혀서 냉장 보관한다.

Tip ——
• 가시와 이물질이 남아있을 수 있으므로 깨끗이 씻어야 한다.

• 생두릅은 쓴맛이 강할 수 있으므로 끓는 물에 살짝 데쳐서 찬물에 담가 쓴맛을 제거하고,
  꾸들꾸들 말리면 식감이 좋다.

• 장아찌 국물을 끓일 때는 거품과 불순물을 제거하면 깔끔한 맛이 난다.

∞

부추

특징 및 효능

- 백합과의 다년생 식물로, 강한 향과 특유의 영양 성분 덕분에 건강식으로 널리 활용된다. 한방에서는 '기양초(起陽草)'라고 불리며, 원기 회복에 좋다고 알려졌다.
- 알리신(Allicin) 성분이 풍부하여 피로 해소 및 원기 회복에 도움을 준다. 혈액순환을 촉진해 몸을 따뜻하게 해주며, 특히 남성 건강에 유익하다고 전한다.

재료 및 분량

부추 1kg

절임 간장

맛국물 2C(정수한 물)
진간장 1C
국간장 1C
설탕 1.5C
식초 1C
소주(청주) 1/2C
매실액 1C
버섯 가루 1T

만드는 법

1 부추를 깨끗이 씻어 물기를 제거한 후, 손질해 둔다.

2 냄비에 절임 간장 재료를 넣고 끓인다. 끓어오르면 불을 줄이고 2~3분 정도 더 끓인다.

3 부추를 용기에 담고, 그 위에 준비한 절임 간장을 골고루 붓는다.

4 실온에서 1~2일 숙성한 후 다시 한번 끓여 식혀서 냉장 보관한다.

Tip —— • 신선하고 연한 부추를 선택하는 것이 중요하다.

• 마늘, 건고추, 생강 등을 넣어 풍미를 높일 수 있다.

• 뜨거운 절임 간장을 부으면 부추가 물러질 수 있으므로 절임 간장을 식힌 후 붓는 것이 좋다.

∞

산부추

특징 및 효능

- 산부추로 만든 전통적인 한국의 장아찌다. 부추와 비슷하지만, 산에서 자생하는 부추로, 자연의 향과 맛이 뛰어나며, 장아찌로 담그면 짭짤하면서도 향긋한 맛이 특징이다.
- 소화 효소가 풍부하여 소화를 돕고, 장 건강을 개선하는 데 효과적이다.
- 비타민 C가 풍부하여 면역력 강화와 피로회복에 도움을 줄 수 있다.

재료 및 분량

산부추 1kg

절임 간장

맛국물 2C(정수한 물)
진간장 1C
국간장 1C
설탕 1.5C
식초 1C
소주(청주) 1/2C
매실액 1C
버섯 가루 1T

만드는 법

1   산부추를 깨끗이 씻어 물기를 제거한 후, 손질해 둔다.

2   길이가 긴 경우, 적당한 길이로 잘라도 좋다.

3   냄비에 절임 간장 재료를 넣고 끓인다. 끓어오르면 불을 줄이고 2~3분 정도 더 끓인다.

4   산부추를 용기에 담고, 그 위에 준비한 절임 간장을 골고루 붓는다.

5   실온에서 1~2일 숙성한 후 다시 한번 끓여 식혀서 냉장 보관한다.

Tip — • 줄기를 적당한 길이로 잘라 준비한다. 너무 굵거나 질긴 부분은 제거하는 것이 좋다.

• 소금물에 절이면 질겨지고, 가늘어진다.

∞

두메부추

특징 및 효능

- 두메부추 장아찌는 산간 지역에서 자생하는 두메부추를 간장이나 된장, 고추장 등에 절여 만든 전통 장아찌다.
- 일반 부추보다 향이 강하고 식감이 단단하여 장아찌로 만들었을 때 더욱 깊은 맛을 낸다.
- 고지대나 산에서 자라기 때문에 향과 영양 성분이 풍부하다.
- 일반 부추보다 질감이 단단하여 장아찌로 만들면 아삭한 식감이 오래 유지된다.

재료 및 분량

두메부추 1kg

절임 간장

맛국물 2C(정수한 물)
진간장 1C
국간장 1C
설탕 1.5C
식초 1C
소주(청주) 1/2C
매실액 1C
버섯 가루 1T

만드는 법

1   두메부추를 깨끗이 씻어 물기를 제거한 후, 손질해 둔다.

2   냄비에 절임 간장 재료를 넣고 끓인다. 끓어오르면 불을 줄이고 2~3분 정도 더 끓인다.

3   두메부추를 용기에 담고, 그 위에 준비한 절임 간장을 골고루 붓는다.

4   실온에서 1~2일 숙성한 후 다시 한번 끓여 식혀서 냉장 보관한다.

Tip ── • 부추의 굵은 부분이나 질긴 부분은 잘라내고, 나머지는 적당한 길이로 자른다.

• 싱싱하고 부드러운 두메부추를 선택한다.

∞

영양부추

특징 및 효능

- 영양 부추는 일반 부추보다 가늘고 향이 강하며, 영양 성분이 풍부한 부추 품종이다.

- 영양부추 장아찌는 일반 부추보다 잎이 가늘고 향이 강한 영양부추를 간장, 식초, 설탕 등으로 절여 만든 저장식품이다. 아삭한 식감과 감칠맛, 알싸한 향이 조화로워서 밥반찬이나 고기 요리의 곁들임으로 인기가 많다.

- 영양부추는 일반 부추보다 얇고 부드러워 장아찌로 만들면 씹는 맛이 좋다.

재료 및 분량

영양부추 1kg
소금 약간

절임 간장

맛국물 2C(정수한 물)
진간장 1C
국간장 1C
설탕 1.5C
식초 1C
소주(청주) 1/2C
매실액 1C
버섯 가루 1T

만드는 법

1 영양부추를 깨끗이 씻어 물기를 제거한 후, 손질해 둔다.

2 냄비에 절임 간장 재료를 넣고 끓인다. 끓어오르면 불을 줄이고 2~3분 정도 더 끓인다.

3 영양부추를 용기에 담고, 그 위에 준비한 절임 간장을 골고루 붓는다.

4 실온에서 1~2일 숙성한 후 다시 한번 끓여서 식혀 냉장 보관한다.

Tip ——
- 흐르는 물에 깨끗이 씻어 흙과 불순물을 제거한다. 부추 특성상 잎 사이에 이물질이 남아 있을 수 있으니 꼼꼼히 씻어야 한다.

- 물기가 남아 있으면 장아찌 국물이 탁해질 수 있으므로, 깨끗한 소창이나 키친타월로 물기를 완전히 제거한다.

- 영양부추를 소금물에 10~20분 정도 절이면 약간 가늘어지기는 해도 수분이 빠져 아삭한 식감이 유지되면서 맛은 깊어진다.

∞

황벽 순

특징 및 효능

- 황벽 순은 황벽나무(Phellodendron amurense)의 어린 순으로, 한약재로 많이 사용되는 황벽나무 껍질과는 달리 나물로 활용되기도 한다. 황벽 껍질처럼 쓴맛이 강하지만, 삶거나 데쳐서 먹으면 쓴맛이 완화된다.
- 황벽 껍질과 마찬가지로 '베르베린(Berberine)' 성분이 함유되어 있어 항균·해독 작용이 뛰어나고, 몸속의 독소를 제거하고 염증 완화와 면역력 강화에 도움을 줄 수 있다.

104

재료 및 분량

황벽순 1kg

절임 간장

맛국물 2C(정수한 물)
진간장 1C
국간장 1C
설탕 1.5C
식초 1C
소주(청주) 1/2C
매실액 1C
버섯 가루 1T

만드는 법

1   황벽 순을 깨끗이 씻어 물기를 제거한 후, 손질해 둔다.

2   길이가 긴 경우, 적당한 길이로 잘라준다.

3   냄비에 절임 간장 재료를 넣고 끓인다. 끓어오르면 불을 줄이고 2~3분 정도 더 끓인다.

4   황벽 순을 용기에 담고, 그 위에 준비한 절임 간장을 골고루 붓는다.

5   실온에서 1~2일 숙성한 후 다시 한번 끓여 식혀서 냉장 보관한다.

Tip ——   • 냉장 보관상태로 최대 2주 이내로 섭취하는 것이 가장 맛있고, 신선한 상태를 유지할 수 있다.

   • 마늘, 고추, 생강 등의 향신료를 첨가하면 맛이 더 풍부해진다.

   • 참기름이나 들기름을 약간 넣어주면 고소한 맛을 추가할 수 있다.

음나무 순

특징 및 효능

- 두릅나무과 음나무(Kalopanax septemLobus)의 어린 순으로, '개 두릅'이라고도 불린다. 쓴맛과 특유의 향이 있으며, 두릅과 비슷한 식감이 있다.
- 봄철 산나물로 인기가 많으며, 면역력 강화, 항염 효과, 혈당 조절 등의 다양한 건강상의 효능이 있다.

106

재료 및 분량

음나무 순 1kg
소금 약간

절임 간장

맛국물 2C(정수한 물)
진간장 1C
국간장 1C
설탕 1.5C
식초 1C
소주(청주) 1/2C
매실액 1C
버섯 가루 1T

만드는 법

1. 음나무 순을 깨끗이 씻어 물기를 제거한 후, 손질해 둔다.

2. 냄비에 절임 간장 재료를 넣고 끓인다. 끓어오르면 불을 줄이고 2~3분 정도 더 끓인다.

3. 음나무 순을 용기에 담고, 그 위에 준비한 절임 간장을 골고루 붓는다.

4. 실온에서 1~2일 숙성한 후 다시 한번 끓여 식혀서 냉장 보관한다.

Tip —— • 음나무 순은 신선하고 어린 순을 선택해야 맛이 좋다.

• 껍질이 얇고 부드러운 부분만 사용하고, 시들거나 상한 부분은 제거한다.

• 특유의 향과 아삭한 식감이 조화를 이루어 고기 요리나 비빔밥의 곁들임 반찬으로 잘 어울린다.

해방풍

특징 및 효능

- 해방풍은 미나릿과(Apiaceae)에 속하는 여러해살이 식물로, 주로 해안가에서 자라는 것이 특징이다. '방풍(防風)'이라는 이름처럼 찬 바람과 습기를 막아주는 효능이 있어 예로부터 약재와 식용 나물로 사용되었다.
- 줄기는 약 30~60cm 정도 자라며, 가지가 여러 갈래로 뻗고, 잎은 깊게 갈라지고 윤기가 나며, 미나리와 비슷한 형태이다.
- 항염 성분이 있어 염증을 완화하고 염증성 질환의 증상 완화에 도움을 줄 수 있다.

재료 및 분량

해방풍 1kg

절임 간장

맛국물 2C(정수한 물)
진간장 1C
국간장 1C
설탕 1.5C
식초 1C
소주(청주) 1/2C
매실액 1C
버섯 가루 1T

만드는 법

1 해방풍을 깨끗이 씻어 물기를 제거한 후, 손질해 둔다.

2 냄비에 절임 간장 재료를 넣고 끓인다. 끓어오르면 불을 줄이고 2~3분 정도 더 끓인다.

3 해방풍을 용기에 담고, 그 위에 준비한 절임 간장을 골고루 붓는다.

4 실온에서 1~2일 숙성한 후 다시 한번 끓여 식혀서 냉장 보관한다.

Tip —— · 신선하고 연한 해방풍을 선택하는 것이 중요하다.

· 끓는 물에 30초~1분 정도 데쳐서 찬물에 헹구고, 물기 제거하여 꾸들꾸들 말려서 절임 간장이 잘 배어들 수 있다.

곰취

특징 및 효능

- 산나물 중 하나로 다양한 영양소와 독특한 맛 덕분에 많은 사람이 즐겨 먹는다.
- 약간의 쌉쌀한 맛과 함께 특유의 향이 있어 요리에 독특한 풍미를 준다.
- 항산화 성분이 풍부하여 체내 유해 물질 제거에 도움을 주고, 소화 기능을 촉진하는 효능이 있다.

재료 및 분량

곰취 1kg
소금 약간

절임 간장

맛국물 2C(정수한 물)
진간장 1C
국간장 1C
설탕 1.5C
식초 1C
소주(청주) 1/2C
매실액 1C
버섯 가루 1T

만드는 법

1   곰취는 깨끗이 씻어 물기를 제거한 후, 손질해 둔다.

2   끓는 물에 소금을 약간 넣고 30초~1분 정도 데친 후 찬물에 헹군
다. 찬물에 담가두면 쓴맛이 줄어든다. 데친 후에는 체에 밭쳐 물기
를 잘 제거해야 장아찌가 물러지지 않는다.

3   냄비에 절임 간장 재료를 넣고 끓인다. 끓어오르면 불을 줄이고
2~3분 정도 더 끓인다.

4   곰취를 용기에 담고, 그 위에 준비한 절임 간장을 골고루 붓는다.

5   실온에서 1~2일 숙성한 후 다시 한번 끓여 식혀서 냉장 보관한다.

Tip —— • 소금물에 30분~1시간 정도 절이면 수분이 빠져 양념이 잘 배고 식감이 좋아진다.

∞

오가피나물

특징 및 효능

- 오가피 나물은 국화과에 속하는 여러해살이풀로, 잎이 부드러워 데쳐서 나물로 무쳐 먹거나 국 · 찌개 · 장아찌에 활용한다.
- 산과 들에서 자생하며, 봄철 산나물로 인기가 많다.
- 소염 작용이 있어 근육통, 관절염 완화에도 도움을 줄 수 있다.
- 플라보노이드 및 폴리페놀 성분이 풍부하여 활성산소를 억제하고, 노화 예방에 도움이 된다.

재료 및 분량

오가피 나물 1kg
소금 약간

절임 간장

맛국물 2C(정수한 물)
진간장 1C
국간장 1C
설탕 1.5C
식초 1C
소주(청주) 1/2C
매실액 1C
버섯 가루 1T

만드는 법

1 오가피 나물을 깨끗이 씻어 물기를 제거한 후, 손질해 둔다.

2 끓는 물에 소금을 약간 넣고 30초~1분 정도 데친 후 찬물에 헹군다. 찬물에 담가 두면 쓴맛이 줄어든다. 데친 후에는 체에 밭쳐 물기를 잘 제거해야 장아찌가 물러지지 않는다.

3 냄비에 절임 간장 재료를 넣고 끓인다. 끓어오르면 불을 줄이고 2~3분 정도 더 끓인다.

4 오가피 나물을 용기에 담고, 그 위에 준비한 절임 간장을 골고루 붓는다.

5 실온에서 1~2일 숙성한 후 다시 한번 끓여 식혀서 냉장 보관한다.

Tip —— • 오가피 나물은 생으로 사용하기보다는 살짝 데쳐서 쓴맛과 떫은맛을 줄이는 것이 좋다.

• 1~2일 후부터 먹을 수 있지만 1주일 정도 숙성하면 더욱 맛이 좋아진다.

∞

고구마 순

특징 및 효능

- 고구마 식물의 줄기와 잎을 말하며, 일반적으로 식용 채소로 활용된다. 영양가가 높고 다양한 요리에 사용되며, 한국을 비롯한 여러 나라에서 인기 있는 식재료다.
- 비타민 A · C · K와 미네랄(칼슘, 철분, 마그네슘 등)이 풍부하다.
- 식이섬유가 많아 소화에 도움을 주고, 칼로리가 낮아 다이어트 식품으로도 적합하다.

재료 및 분량

고구마 순 1kg
소금 약간

절임 간장

맛국물 2C(정수한 물)
진간장 1C
국간장 1C
설탕 1.5C
식초 1C
소주(청주) 1/2C
매실액 1C
버섯 가루 1T

만드는 법

1 고구마 순은 잎을 제거하고 깨끗이 씻어 물기를 제거한 후, 손질해 둔다.

2 끓는 물에 소금을 약간 넣고 30초~1분 정도 데친 후 찬물에 헹군다. 데친 후에는 체에 밭쳐 물기를 잘 제거해야 장아찌가 물러지지 않는다.

3 냄비에 절임 간장 재료를 넣고 끓인다. 끓어오르면 불을 줄이고 2~3분 정도 더 끓인다.

4 고구마 순을 용기에 담고, 그 위에 준비한 절임 간장을 골고루 붓는다.

5 실온에서 1~2일 숙성한 후 다시 한번 끓여 식혀서 냉장 보관한다.

Tip ── • 고구마 순의 아랫부분에 있는 굵은 줄기는 제거하고 부드러운 줄기만 사용한다. 절임 간장을 끓일 때 고추씨를 조금 넣어주면 좋다.

• 고구마 순을 찬물에 담가 놓으면 쓴맛이 줄어든다.

• 데친 고구마 순이 양념에 완전히 잠기도록 국물을 충분히 부어야 변질을 방지할 수 있다.

전호

특징 및 효능

- 전호는 한국의 전통적인 나물로, 울릉도에서 봄을 알리는 대표적인 산나물이다. 미나리과에 속하며, 당근 잎과 비슷한 모양이다. 이 나물은 향긋하고 독특한 맛이 특징이며, 비타민과 미네랄이 풍부하여 건강에도 좋다.
- 비타민 C, 식이섬유, 칼슘 등의 영양소가 풍부하여 면역력 강화와 소화기 건강에 도움을 준다.
- 항산화 성분이 있어 노화 방지와 세포 건강 유지에 효과적이다.

재료 및 분량

전호 1kg

절임 간장

맛국물 2C(정수한 물)
진간장 1C
국간장 1C
설탕 1.5C
식초 1C
소주(청주) 1/2C
매실액 1C
버섯 가루 1T

만드는 법

1 전호는 깨끗이 씻어 물기를 제거한 후, 손질해 둔다.

2 냄비에 절임 간장 재료를 넣고 끓인다. 끓어오르면 불을 줄이고 2~3분 정도 더 끓인다.

3 전호를 용기에 담고, 그 위에 준비한 절임 간장을 골고루 붓는다.

4 실온에서 1~2일 숙성한 후 다시 한번 끓여 식혀서 냉장 보관한다.

Tip —— • 줄기와 잎을 적절한 크기로 자르고, 너무 굵거나 질긴 부분은 제거한다.

• 울릉도 자연산 전호가 맛이 좋다.

청미래덩굴(망개 순)

특징 및 효능

- 청미래덩굴의 어린순(줄기와 잎)이나 뿌리(토복령)를 절여 만들 수 있다. 특유의 쌉싸름한 맛과 감칠맛, 아삭한 식감이 특징이며, 건강에 좋은 성분이 풍부해 약선 음식으로도 활용된다.
- 청미래덩굴 장아찌는 해독 효과가 있는 토복령을 활용한 건강 반찬으로, 쌉싸름한 맛과 감칠맛이 조화롭고, 숙성될수록 깊은 풍미가 좋아진다.
- 밥반찬, 고기 요리 곁들임, 비빔밥 재료로 활용하면 좋으며, 신장 건강과 몸속 독소 배출에 도움을 줄 수 있는 전통 장아찌다.

재료 및 분량

청미래덩굴 1kg
소금 약간

절임 간장

맛국물 2C(정수한 물)
진간장 1C
국간장 1C
설탕 1.5C
식초 1C
소주(청주) 1/2C
매실액 1C
버섯 가루 1T

만드는 법

1 청미래덩굴을 깨끗이 씻어 물기를 제거한 후, 손질해 둔다.

2 냄비에 절임 간장 재료 넣고 끓인다. 끓어오르면 불을 줄이고 2~3분 정도 더 끓인다.

3 청미래덩굴을 용기에 담고, 그 위에 준비한 절임 간장을 골고루 붓는다.

4 실온에서 1~2일 숙성한 후 다시 한번 끓여서 식혀 냉장 보관한다.

Tip —— • 산나물인 청미래덩굴은 독특한 향과 맛을 즐길 수 있는 장아찌로, 너무 질기거나 노화된 잎은 사용하지 않는 것이 좋다.

• 세척 후에는 물기를 충분히 제거하여 장아찌 국물이 탁해지는 것을 방지한다.

• 청미래덩굴 잎이 질기거나 떫은맛이 강하다면 끓는 물에 10~20초 정도 살짝 데친 후 찬물에 헹구어 사용하면 부드러워지고, 맛이 좋아진다.

∞ 조선갓

특징 및 효능

- 한국에서 재배되는 갓의 한 종류로, 전라도 지역의 갓김치나 장아찌에 주로 사용된다. 일반적인 갓보다 줄기가 가늘고 부드러우며, 매운맛이 강하지 않고 은은한 감칠맛이 있다.
- 숙성되면서 깊은 맛을 내며, 갓김치 재료나 장아찌로 많이 사용된다.
- 특유의 알싸한 맛이 있지만 자극적이지 않고, 감칠맛이 뛰어나다.

재료 및 분량

조선갓 1kg
소금 약간

절임 간장

맛국물 2C(정수한 물)
진간장 1C
국간장 1C
설탕 1.5C
식초 1C
소주(청주) 1/2C
매실액 1C
버섯 가루 1T

만드는 법

1 조선갓을 깨끗이 씻어 흙과 먼지를 제거한다.

2 끓는 물에 소금을 약간 넣고 30초~1분 정도 데친 후 찬물에 헹군다. 찬물에 담가두면 쓴맛이 줄어든다. 데친 후에는 체에 밭쳐 물기를 잘 제거해야 장아찌가 물러지지 않는다.

3 냄비에 절임 간장 재료를 넣고 끓인다. 끓어오르면 불을 줄이고 2~3분 정도 더 끓인다.

4 조선갓을 용기에 담고, 그 위에 준비한 절임 간장을 골고루 붓는다.

5 실온에서 1~2일 숙성한 후 다시 한번 끓여 식혀서 냉장 보관한다.

Tip —— • 조선갓이 완전히 잠기도록 눌러서 담아야 골고루 간이 잘 밴다.

 • 갓의 잎과 줄기 사이에 낀 흙과 불순물을 흐르는 물에 꼼꼼히 씻어야 한다.

가죽나물

∞

특징 및 효능

- 가죽나무(Ailanthus altissima)의 어린 순을 말하며, 특유의 쌉싸름한 맛과 향이 강하다. 주로 봄철 산나물이지만, 도시에서도 잘 자라 채취가 가능하다. 나물 무침, 장아찌, 튀김 등 다양한 요리에 활용된다.
- 항산화 성분이 풍부하고, 사포닌, 플라보노이드 등이 함유되어 건강에 도움을 줄 수 있다.
- 쓴맛이 있어 봄철 입맛을 돋우는 데 좋다.

재료 및 분량

가죽나물 1kg
소금 약간

절임 간장

맛국물 2C(정수한 물)
진간장 1C
국간장 1C
설탕 1.5C
식초 1C
소주(청주) 1/2C
매실액 1C
청국장 가루 2T

만드는 법

1 가죽나물을 깨끗이 씻어 물기를 제거한 후, 손질해 둔다.

2 끓는 물에 소금을 약간 넣고 30초~1분 정도 데친 후 찬물에 헹군다. 찬물에 담가두면 쓴맛이 줄어든다. 데친 후에는 체에 밭쳐 물기를 잘 제거해야 장아찌가 물러지지 않는다.

3 냄비에 절임 간장 재료를 넣고 끓인다. 끓어오르면 불을 줄이고 2~3분 정도 더 끓인다.

4 가죽나물을 용기에 담고, 그 위에 준비한 절임 간장을 골고루 붓는다.

5 실온에서 1~2일 숙성한 후 다시 한번 끓여 식혀서 냉장 보관한다.

Tip ——
• 너무 크고 단단한 가죽 순은 장아찌로 만들기에는 적합하지 않다.
• 가죽나물은 특유의 쓴맛과 떫은맛이 강하므로, 반드시 데치는 과정이 필요하다.
• 끓는 물에 소금을 약간 넣고 30초~1분 정도 살짝 데친 후 찬물에 바로 헹궈 찬물에 30분~1시간 정도 담가 쓴맛을 제거해 주는 것이 좋다.

∞

머위잎

특징 및 효능

- 머위(Farfugium japonicum)는 국화과(Asteraceae)에 속하는 여러 해살이풀로, 잎과 줄기 모두 식용할 수 있다. 특히 머위잎은 넓고 둥글며 부드러운 질감이 있으며, 독특한 쌉싸름한 맛과 향이 있다.
- 항산화 성분(플라보노이드, 폴리페놀)이 풍부하여 해독 작용과 면역력 증진에 도움이 된다.
- 간을 보호하고 몸속 독소 배출을 돕는 역할을 한다.

재료 및 분량

머위잎 1kg
소금 약간

절임 간장

맛국물 2C(정수한 물)
진간장 1C
국간장 1C
설탕 1.5C
식초 1C
소주(청주) 1/2C
매실액 1C
버섯 가루 1T

만드는 법

1   머위잎은 깨끗이 씻어 물기를 제거한 후, 손질해 둔다.

2   냄비에 절임 간장 재료를 넣고 끓인다. 끓어오르면 불을 줄이고 2~3분 정도 더 끓인다.

3   머위잎을 용기에 담고, 그 위에 준비한 절임 간장을 골고루 붓는다.

4   실온에서 1~2일 숙성한 후 다시 한번 끓여 식혀서 냉장 보관한다.

Tip ── • 머위잎은 특유의 쓴맛과 떫은맛(타닌)이 있어 데쳐서 사용하면 좋다.

• 물에 담그는 시간을 조절하여 쓴맛을 기호에 맞게 조정할 수 있다.

• 물기를 충분히 제거한 후 장아찌를 담가야 한다.

∞

원추리

특징 및 효능

- 원추리의 꽃과 어린잎은 신선하고 아삭한 식감이 있으며, 약간의 단맛과 쌉쌀한 맛이 있다.
- 일부 사람들은 원추리에 알레르기 반응을 보일 수 있다.
- 향긋한 향이 있어 요리에 사용할 때 특별한 맛을 더해준다.
- 비타민 A · C, 칼슘, 철분 등이 함유되어 있어 건강에 도움이 된다.
- 폴리페놀, 플라보노이드, 사포닌 등이 항산화 작용을 하여 면역력 강화에 도움을 준다.

재료 및 분량

원추리 1kg
소금 약간

절임 간장

맛국물 2C(정수한 물)
진간장 1C
국간장 1C
설탕 1.5C
식초 1C
소주(청주) 1/2C
매실액 1C
버섯 가루 1T

만드는 법

1   원추리를 깨끗이 씻어 물기를 제거한 후, 손질해 둔다.

2   냄비에 절임 간장 재료를 넣고 끓인다. 끓어오르면 불을 줄이고
    2~3분 정도 더 끓인다.

3   원추리를 용기에 담고, 그 위에 준비한 절임 간장을 골고루 붓는다.

4   실온에서 1~2일 숙성한 후 다시 한번 끓여 식혀서 냉장 보관한다.

Tip ——   • 꽃이 피지 않은 어린잎과 줄기를 선택하는 것이 좋다.

• 끓는 물에 소금을 약간 넣고 원추리를 1~2분 정도 데쳐 쓴맛을 줄이고 부드럽게 만든다.

• 데친 후 즉시 찬물에 헹궈 식히고 물기를 잘 제거한다.

삼채

특징 및 효능

- 특유의 향과 영양 성분으로 주목받는 채소로, 원산지는 미얀마, 중국 윈난성으로 알려져 있으며, 우리나라에서도 재배된다.
- 매운맛, 단맛, 쓴맛의 세 가지 맛이 난다고 해서 '삼채(三菜)'라고 불리며, 마늘, 부추, 파와 비슷한 백합과 식물로, 잎과 뿌리 모두 식용이 가능하다.
- 생으로 먹으면 알리신 성분으로 인해 마늘 같은 매운맛이 강하지만, 익히면 단맛이 올라오고, 쓴맛은 거의 없어진다.
- 부추보다 부드럽고 아삭한 식감이 있어 샐러드나 무침으로도 좋다.
- 알리신이 풍부해서 면역력 강화 · 항균 작용 · 혈액순환 개선에 도움을 준다.
- 사포닌 함량이 높아 항산화 효과가 뛰어나고, 체내 염증 완화에도 좋다. 칼슘, 철분, 아연 등이 함유되어 건강과 빈혈 예방에도 도움을 줄 수 있다.

재료 및 분량

삼채 1kg
소금 약간

절임 간장

맛국물 2C(정수한 물)
진간장 1C
국간장 1C
설탕 1.5C
식초 1C
소주(청주) 1/2C
매실액 1C
청국장 가루 2T

만드는 법

1 삼채는 깨끗이 씻어 물기를 제거한 후, 손질해 둔다.

2 냄비에 절임 간장 재료를 넣고 끓인다. 끓어오르면 불을 줄이고 2~3분 정도 더 끓인다.

3 삼채를 용기에 담고, 그 위에 준비한 절임 간장을 골고루 붓는다.

4 실온에서 1~2일 숙성한 후 다시 한번 끓여 식혀서 냉장 보관한다.

Tip —— · 삼채는 흙이 묻어 있을 수 있으니 깨끗이 씻고, 물기를 완전히 제거해야 한다.

· 뿌리는 아삭한 식감이 있고, 잎은 부드러우니 각각 따로 절이면 식감이 더 좋아진다.

· 생으로 절이면 매운맛이 강할 수 있어 매운맛이 부담되면 끓는 물에 소금을 약간 넣고 정도 데친 다음 물에 식혀서 사용하면 완화된다.

근채류

● ── **채소 맛국물**

물 3L, 당근 200g, 무 300g, 대파 흰 부분 20cm, 건 표고버섯 4개, 양파 1/2개, 통마늘 10개, 다시마 10×10cm 2장 등 재료를 잘게 썰어서 마른 팬에 노릇노릇 구워서 물을 넣고 중·약 불에서 20분간 끓인다. 채소 육수 재료를 여유 있게 구워서 봉지에 넣어 냉동실에 넣었다가 필요할 때 사용하면 편리하다.

누에형 초석잠

특징 및 효능

- 꿀풀과(Lamiaceae)에 속하는 여러해살이 식물로, 주로 땅속의 뿌리줄기(괴경)를 식용한다. 뿌리가 구불구불한 모양을 하고 있어 마치 작은 돌처럼 보이며, 이름도 여기서 유래했다.
- 아삭하고 쫀득한 식감과 고소하면서도 은은한 단맛이 있다.
- 감자나 마 같은 식감이면서도 씹을수록 단맛이 난다.
- 호르몬 균형을 유지하는 데 도움을 줄 수 있어, 특히 생리불순이나 생리통 같은 여성 건강에 긍정적인 영향을 미칠 수 있다.

재료 및 분량

누에형 초석잠 1kg
소금 약간

절임 간장

맛국물 2C(정수한 물)
진간장 1C
국간장 1C
설탕 1.5C
식초 1C
소주(청주) 1/2C
매실액 1C
청국장 가루 2T

만드는 법

1 누에형 초석잠을 깨끗이 씻어 물기를 제거한 후, 손질해 둔다.

2 냄비에 절임 간장 재료를 넣고 끓인다. 끓어오르면 불을 줄이고 2~3분 정도 더 끓인다.

3 누에형 초석잠을 용기에 담고, 그 위에 준비한 절임 간장을 골고루 붓는다.

4 실온에서 1~2일 숙성한 후 다시 한번 끓여 식혀서 냉장 보관한다.

Tip —— • 길이가 긴 경우, 적당한 크기로 잘라서 사용하는 것이 좋다.

• 누에형 초석잠은 생으로 사용하는 것보다 살짝 데쳐서 쓴맛을 줄이면 더 좋다.

• 마늘, 생강, 고추 등을 추가하여 풍미를 높일 수 있다.

∞

초석잠

특징 및 효능

- 꿀풀과(Lamiaceae)에 속하는 뿌리채소로, 모양이 누에를 닮아 '석 잠(石)'이라고 불린다. 중국과 일본에서 주로 이용되며, 우리나라 에서도 건강식으로 관심을 받고 있다.
- 칼륨이 풍부해 혈압을 낮추고 혈액순환을 원활하게 한다.
- 신경 보호 작용이 있어 불면증 예방과 기억력 개선에 도움이 된다.
- 항산화 물질과 식이섬유가 풍부해 면역력 증진 효과가 있다.

재료 및 분량

초석잠 1kg
소금 약간

절임 간장

맛국물 2C(정수한 물)
진간장 1C
국간장 1C
설탕 1.5C
식초 1C
소주(청주) 1/2C
매실액 1C
청국장 가루 2T

만드는 법

1 초석잠을 깨끗이 씻어 물기를 제거한 후, 손질해 둔다.

2 손질한 초석잠에 소금을 넣고 20~30분 정도 절인 후, 찬물에 헹궈서 소금기를 제거하고 물기를 뺀다.

3 냄비에 절임 재료를 넣고 끓인다. 끓어오르면 불을 줄이고 2~3분 정도 더 끓인다.

4 초석잠을 용기에 담고, 그 위에 준비한 절임 간장을 골고루 붓는다.

5 실온에서 1~2일 숙성한 후 다시 한번 끓여 식혀서 냉장 보관한다.

Tip —— • 싱싱하고 단단한 초석잠을 선택한다. 너무 큰 것은 피하는 것이 좋다.

• 솔을 사용해 표면의 미세한 흙을 제거하고, 크기가 너무 크면 먹기 좋은 크기로 자른다.

코끼리마늘

특징 및 효능

- 코끼리마늘은 일반 마늘과 비슷하게 생겼지만 크기가 훨씬 크고, 맛이 순하다. 사실 코끼리마늘은 마늘(Allium sativum)이 아니라, 리크(leek, 부추과의 서양 대파)와 더 가까운 식물이다.
- 일반 마늘보다 순하고 달콤한 맛이 있고, 강한 아린 맛이 거의 없다.
- 은은한 마늘 향과 고소한 풍미가 있고, 생으로 먹으면 약간의 알싸한 맛이 느껴지지만, 익히면 부드럽고 단맛이 강해진다.
- 항산화 성분과 비타민 C가 풍부하여 면역 체계를 강화하고, 감염을 예방한다.

재료 및 분량

코끼리마늘 1kg

절임 간장

맛국물 2C(정수한 물)
진간장 1C
국간장 1C
설탕 1.5C
식초 1C
소주(청주) 1/2C
매실액 1C
버섯 가루 1T

만드는 법

1   코끼리마늘을 깨끗이 씻어 물기를 제거한 후, 먹기 좋은 크기로 자른다.

2   냄비에 절임 간장 재료를 넣고 끓인다. 끓어오르면 불을 줄이고 2~3분 정도 더 끓인다.

3   코끼리마늘을 용기에 담고, 그 위에 준비한 절임 간장을 골고루 붓는다.

4   실온에서 1~2일 숙성한 후 다시 한번 끓여 식혀서 냉장 보관한다.

Tip ── • 흐르는 물에 깨끗이 씻어 이물질을 제거하고, 껍질을 벗긴 후 적당한 크기로 썰어 사용한다.

   • 절임 간장을 식힌 후 부어야 물러지지 않고, 아삭한 식감을 유지할 수 있다.

∞

달래

특징 및 효능

- 백합과(Amaryllidaceae)의 여러해살이풀로, 마늘과 파와 같은 알리움(Allium) 속에 속하는 식물이다. 봄철에 많이 채취하여 나물로 활용되며, 알싸한 향과 맛이 특징이다.
- 비타민 C와 알리신(Allicin) 성분이 풍부하여 면역력을 높이고, 감기 예방에 도움이 되며, 알리신 성분은 항균 작용이 뛰어나 감염 예방에도 효과적이다.

재료 및 분량

달래 1kg

절임 간장

맛국물 2C(정수한 물)
진간장 1C
국간장 1C
설탕 1.5C
식초 1C
소주(청주) 1/2C
매실액 1C
버섯 가루 1T

만드는 법

1 달래를 깨끗이 씻어 물기를 제거한 후, 손질해 둔다.

2 냄비에 절임 간장 재료를 넣고 끓인다. 끓어오르면 불을 줄이고 2~3분 정도 더 끓인다.

3 달래를 용기에 담고, 그 위에 준비한 절임 간장을 골고루 붓는다.

4 실온에서 1~2일 숙성한 후 다시 한번 끓여 식혀서 냉장 보관한다.

Tip ——
• 달래를 생으로 사용할 수 있지만, 살짝 데쳐서 꾸들꾸들 말리면 장아찌를 오래 보관할 수 있다.

• 절임 간장을 식힌 후 부어야 달래가 물러지지 않고, 아삭한 식감을 유지할 수 있다.

∞

더덕

특징 및 효능

- 초롱꽃과(Campanulaceae)에 속하는 다년생 덩굴성 식물로, 뿌리가 굵고 향이 강하다. 한방에서는 약재로, 식탁에서는 생채나 구이 등으로 활용된다.
- 사포닌 성분이 풍부하여 기관지 점막을 보호하고, 가래 제거 및 기침 완화에 도움을 준다.
- 감기 예방과 천식 증상 완화에 효과적이다.

재료 및 분량

더덕 1kg
소금 1C

절임 고추장

고추장 3C
고춧가루 1/2C
국간장 2T
맛술 1C
버섯(마늘, 생강) 가루 3T
조청 1C
설탕 2T
소금 약간

만드는 법

1. 더덕을 깨끗이 씻어 껍질을 벗긴 후 큰 그릇에 넣고, 소금물(소금 1C, 물 3C)에 2~3시간 정도 절인 다음, 물기를 제거하고 체에 밭쳐 둔다.

2. 냄비에 절임 고추장 양념 재료를 넣고 살짝 끓여서 식힌다.

3. 손질한 더덕을 절임 고추장에 넣고 잘 버무린다.

4. 양념에 버무린 더덕을 용기에 담고, 뚜껑을 덮어 냉장고에서 하루 정도 숙성한다.

Tip —— • 더덕은 굵기가 균일하고, 단단한 것이 좋다. 너무 크면 질길 수 있고, 너무 작으면 식감이 떨어질 수 있다.

• 두드려서 부드럽게 만들어야 양념이 잘 스며들고, 식감이 좋아진다.

• 절이는 과정 없이 바로 양념해도 되지만, 소금물에 30분~1시간 정도 절이면 수분이 빠지면서 맛이 더 응축된다.

∞

새싹삼

특징 및 효능

- 인삼의 어린줄기와 잎을 가리키며, 주로 봄철에 채취된다. 주로 한방에서 약재로 사용되는 식물이다. 인삼과 같은 강장 효과가 있어 비타민, 미네랄이 풍부하며, 면역력 증진과 피로회복에 도움을 줄 수 있다.
- 최근에 건강식품으로 주목받고 있으며, 다양한 형태로 가공되어 판매한다.

재료 및 분량

새싹삼 1kg
소금 약간

절임 간장

맛국물 2C(정수한 물)
진간장 1C
국간장 1C
설탕 1.5C
식초 1C
소주(청주) 1/2C
매실액 1C
청국장 가루 2T

만드는 법

1 깨끗이 씻어 물기를 제거한 후, 손질해 둔다.

2 냄비에 절임 간장 재료를 넣고 끓인다. 끓어오르면 불을 줄이고 2~3분 정도 더 끓인다.

3 새싹삼을 용기에 담고, 그 위에 준비한 절임 간장을 골고루 붓는다.

4 실온에서 1~2일 숙성한 후 다시 한번 끓여 식혀서 냉장 보관한다.

Tip ── • 새싹삼은 모래가 많이 묻어 있으므로 흐르는 물에 잘 씻고, 솔로 문질러 깨끗하게 씻는다.

• 껍질은 벗기지 않고 사용하거나, 질긴 부분이 있다면 적당히 잘라내고 사용한다.

• 새싹삼은 두드릴 필요 없이 손질한 후, 소금물에 30분 정도 절여서 수분을 제거하면 간이 잘 배고 식감이 좋아진다.

돼지감자

∞

특징 및 효능

- 햇감자 또는 튤립의 일종으로, 주로 북미 원산지로 알려져 있다. 주로 뿌리를 식용하며, 영양가가 높아 다양한 요리에 사용된다.
- 저칼로리 식품이며, 풍부한 식이섬유, 특히 인슐린이라는 프리바이오틱스 성분이 함유되어 있어 장 건강에 좋다.
- 비타민 B · C, 철분, 칼륨 등의 미네랄도 풍부하게 함유되어 있다.

재료 및 분량

돼지감자 1kg
소금 약간

절임 간장

맛국물 2C(정수한 물)
진간장 1C
국간장 1C
설탕 1.5C
식초 1C
소주(청주) 1/2C
매실액 1C
청국장 가루 2T

만드는 법

1 돼지감자를 깨끗이 씻어 껍질을 벗긴다.

2 손질한 돼지감자를 적당한 크기로 썰어준다.

3 끓는 물에 소금을 약간 넣고 30초~1분 정도 데친 후 찬물에 헹군다. 찬물에 담가두면 쓴맛이 줄어든다. 데친 후에는 체에 밭쳐 물기를 잘 제거해야 장아찌가 물러지지 않는다.

4 냄비에 절임 간장 재료를 넣고 끓인다. 끓어오르면 불을 줄이고 2~3분 정도 더 끓인다.

5 돼지감자를 용기에 담고, 그 위에 준비한 절임 간장을 골고루 붓는다.

6 실온에서 1~2일 숙성한 후 다시 한번 끓여 식혀서 냉장 보관한다.

Tip —— • 크기가 균일하며 단단한 돼지감자를 선택한다.

• 돼지감자는 흙이 많이 묻어 있으므로 흐르는 물에 깨끗이 씻고, 솔로 문질러서 이물질을 제거한다.

• 껍질은 벗기지 않고 사용할 수 있지만, 필요에 따라 껍질을 제거한 후 사용해도 된다.

∞

콜라비

특징 및 효능

- 콜라비는 배추속 채소에 속하는 식물로, 뿌리가 아닌 줄기를 식용한다. 흔히 '순무 배추'라고도 불리며, 전 세계적으로 다양한 요리에 활용된다.
- 콜라비는 비타민 C가 풍부하여 면역력 증진에 도움을 주고, 식이섬유가 풍부해 장 건강에 좋다.
- 비타민 B, 칼슘, 철분, 마그네슘 등 다양한 미네랄도 함유되어 있다.

재료 및 분량

콜라비 1kg
소금 약간

절임 간장

맛국물 2C(정수한 물)
진간장 1C
국간장 1C
설탕 1.5C
식초 1C
소주(청주) 1/2C
매실액 1C
청국장 가루 2T

만드는 법

1 콜라비를 깨끗이 씻어 껍질을 벗긴다.

2 손질한 콜라비를 적당한 크기로 썰어준다.

3 냄비에 절임 간장 재료를 넣고 끓인다. 끓어오르면 불을 줄이고 2~3분 정도 더 끓인다.

4 콜라비를 용기에 담고, 그 위에 준비한 절임 간장을 골고루 붓는다.

5 실온에서 1~2일 숙성한 후 다시 한번 끓여 식혀서 냉장 보관한다.

Tip ── • 껍질은 얇게 벗기고, 먹기 좋은 크기로 잘라서 준비한다.

• 콜라비 조각을 소금물에 약 30분~1시간 절여 수분을 빼고 간이 잘 배게 한다.

수미감자

∞

특징 및 효능

- 대표적인 감자 품종 중 하나로, 단단한 식감과 고소한 맛이 있다. 이를 장아찌로 만들면 아삭한 식감과 감칠맛이 살아나며, 오래 보관하면서도 독특한 풍미를 즐길 수 있다.
- 감자에 함유된 칼륨(K)이 나트륨 배출을 도와 혈압을 낮추고, 고혈압 예방에 도움을 준다.
- 혈액순환을 원활하게 하여 심장 건강을 지킨다.

재료 및 분량

수미감자 1kg
소금 약간

절임 간장

맛국물 2C(정수한 물)
진간장 1C
국간장 1C
설탕 1.5C
식초 1C
소주(청주) 1/2C
매실액 1C
청국장 가루 2T

만드는 법

1. 수미감자를 깨끗이 씻어 껍질을 벗긴다.

2. 손질한 수미감자를 적당한 크기로 얇게 썰어준다.

3. 끓는 물에 소금을 약간 넣고 30초~1분 정도 데친 후 찬물에 헹군다. 찬물에 담가두면 쓴맛이 줄어든다. 데친 후에는 체에 받쳐 물기를 잘 제거해야 장아찌가 물러지지 않는다.

4. 냄비에 절임 간장 재료를 넣고 끓인다. 끓어오르면 불을 줄이고 2~3분 정도 더 끓인다.

5. 수미감자를 용기에 담고, 그 위에 준비한 절임 간장을 골고루 붓는다.

6. 실온에서 1~2일 숙성한 후 다시 한번 끓여 식혀서 냉장 보관한다.

Tip —— • 싹이 나거나 푸른빛이 나는 감자는 독성 물질(솔라닌)이 있을 수 있으므로 피해야 한다.

• 장아찌를 만들 때는 껍질을 제거하는 것이 좋다.

• 생감자는 조직이 단단하고 아린 맛이 있어 살짝 데쳐야 한다.

• 끓는 물에 1~2분 데칠 때 너무 오래 데치면 퍼지거나 물러질 수 있고, 너무 짧으면 아린 맛이 남아 있을 수 있으므로 적절한 시간 조절이 필요하다.

땅두릅(독활)

특징 및 효능

- 햇볕이 잘 드는 곳에서 자라며, 습한 토양을 선호한다.
- 땅두릅의 뿌리는 굵으며, 식용으로 사용되는 부분은 주로 뿌리와 줄기다.
- 비타민 A·B·C, 철분, 칼슘 등이 풍부해서 영양가가 높고, 식이섬유가 풍부하여 소화에 도움을 준다.
- 특유의 쌉싸름한 맛이 있어, 데치거나 장아찌로 만들면 부드러워진다.

재료 및 분량

땅두릅 1kg
소금 약간

절임 간장

맛국물 2C(정수한 물)
진간장 1C
국간장 1C
설탕 1.5C
식초 1C
소주(청주) 1/2C
매실액 1C
버섯 가루 1T

만드는 법

1   땅두릅을 깨끗이 씻어 흙과 먼지를 깨끗이 제거한다.

2   꼭지를 잘라내고 필요한 경우 껍질을 벗긴다.

3   끓는 물에 소금을 약간 넣고 1~2분 정도 데친 후 찬물에 헹군다. 찬물에 담가두면 쓴맛이 줄어든다. 데친 후에는 체에 받쳐 물기를 잘 제거해야 장아찌가 물러지지 않는다.

4   냄비에 절임 간장 재료를 넣고 끓인다. 끓어오르면 불을 줄이고 2~3분 정도 더 끓인다.

5   땅두릅을 용기에 담고, 그 위에 준비한 절임 간장을 골고루 붓는다.

6   실온에서 1~2일 숙성한 후 다시 한번 끓여 식혀서 냉장 보관한다.

Tip —— • 데치기 전에 소금을 뿌려 10~15분 정도 두어 쓴맛을 줄일 수 있다.

• 냉장 보관 시 최대 2~3개월 동안 먹을 수 있다.

• 장아찌를 더 아삭아삭하게 즐기고 싶다면, 데친 후 물기를 완전히 제거하는 것이 중요하다.

과채류

●── **채소 맛국물**

물 3L, 당근 200g, 무 300g, 대파 흰 부분 20cm, 건 표고버섯 4개, 양파 1/2개, 통마늘 10개, 다시마 10×10cm 2장 등 재료를 잘게 썰어서 마른 팬에 노릇노릇 구워서 물을 넣고 중·약 불에서 20분간 끓인다. 채소 육수 재료를 여유 있게 구워서 봉지에 넣어 냉동실에 넣었다가 필요할 때 사용하면 편리하다.

∞ # 가지

특징 및 효능

- 가지 껍질에는 안토시아닌(나스닌, Nasunin) 성분이 강력한 항산화 성분이 풍부하여 세포 손상을 방지하고 노화를 늦추는 데 도움을 준다.
- 활성산소를 제거하는 효과가 있어 피부 건강 및 면역력 강화에 도움이 된다.
- 기름을 잘 흡수하는 성질이 있어 볶음, 튀김, 조림 등의 요리에 적합하다.

재료 및 분량

가지 1kg
소금 1C

절임 고추장

고추장 3C
고춧가루 1/2C
국간장 2T
맛술 1C
버섯(마늘, 생강)가루 3T
조청 1C
설탕 2T
소금 약간

만드는 법

1 가지를 깨끗이 씻어 물기를 제거한 후, 손질해 둔다.

2 소금물(소금 1C, 물 6C)에 2~3시간 정도 절인다. 절인 후 물기를 제거하고 체에 받쳐 둔다.

3 냄비에 절임 고추장 재료를 넣고 살짝 끓인다.

4 볼에 손질한 가지를 절임 고추장에 넣고 잘 버무린다.

5 양념에 버무린 가지를 용기에 담고, 뚜껑을 덮어 냉장고에서 하루 정도 숙성한다.

6 실온에서 1~2일 숙성한 후 다시 한번 끓여 식혀서 냉장 보관한다.

Tip —— • 신선하고 단단한 가지를 고른다. 너무 무르거나 씨가 많은 가지는 식감이 다르다.

• 중간 크기의 가지가 적당하며, 너무 크면 조직이 무르고 장아찌가 쉽게 물러질 수 있다.

• 가지를 절일 때는 적당한 양의 소금을 사용해야 한다. 너무 많이 사용하면 짜고 질겨지며, 너무 적으면 숨이 죽지 않는다.

• 가지를 손질할 때 찌는 방법도 좋다.

∞ 줄콩

특징 및 효능

- 콩과(Fabaceae)에 속하는 식물로, 길쭉한 꼬투리를 맺는다. 주로 아시아와 아프리카, 남미에서 재배되며, 한국에서는 강낭콩이나 완두콩과 함께 널리 소비된다.
- 부드럽고 아삭한 식감이 있으며, 열을 가하면 더 부드러워지고, 약간의 단맛과 고소한 맛이 있어 다양한 요리에 활용된다.
- 콩 자체는 고소한 풍미가 강하고, 삶거나 볶으면 더욱 깊은 맛이 난다.
- 비타민 A · C · K와 미네랄(칼슘, 철, 마그네슘)이 풍부하여 건강 유지에 도움이 된다.

재료 및 분량

줄콩 1kg
소금 약간

절임 간장

맛국물 2C(정수한 물)
진간장 1C
국간장 1C
설탕 1.5C
식초 1C
소주(청주) 1/2C
매실액 1C
버섯 가루 1T

만드는 법

1 줄콩을 깨끗이 씻어 물기를 제거한 후, 손질해 둔다.

2 끓는 물에 소금을 약간 넣고 30초~1분 정도 데친 후 찬물에 헹군다. 찬물에 담가두면 쓴맛이 줄어든다. 데친 후에는 체에 밭쳐 물기를 잘 제거해야 장아찌가 물러지지 않는다.

3 냄비에 절임 간장 재료를 넣고 끓인다. 끓어오르면 불을 줄이고 2~3분 정도 더 끓인다.

4 줄콩을 용기에 담고, 그 위에 준비한 절임 간장을 골고루 붓는다.

5 실온에서 1~2일 숙성한 후 다시 한번 끓여 식혀서 냉장 보관한다.

Tip —— • 색이 선명하고 윤기가 있는 줄콩이 장아찌 담그기에 적당하다.

• 절이는 과정 없이 바로 절임 간장을 부어도 되지만, 살짝 절이면 간이 더 잘 스며들고 숨이 죽어 부드러워진다.

• 살짝 데치면 식감이 부드러워지고, 색이 선명해진다.

∞

과일 고추

특징 및 효능

- 단맛과 과일 향이 강한 고추 품종을 뜻하며, 일반적인 매운 고추와 달리 매운맛이 거의 없거나 약하고, 단맛과 과일 같은 풍미가 난다.
- 일반적으로 스코빌 지수(매운 정도)가 낮아 매운맛이 거의 없거나 약하다.
- 단맛이 강한 품종은 스코빌 지수가 거의 0~500 SHU 정도다.
- 일부 품종(스위트 페퍼)은 아주 약한 매운맛이 있다.

재료 및 분량

과일 고추 1kg

절임 간장

맛국물 2C(정수한 물)
진간장 1C
국간장 1C
설탕 1.5C
식초 1C
소주(청주) 1/2C
매실액 1C
버섯 가루 1T

만드는 법

1 과일 고추를 깨끗이 씻어 물기를 제거한다.

2 꼭지를 제거하고 반으로 잘라서 사용하는데, 작은 것은 통째로 사용한다.

3 냄비에 절임 간장 재료를 넣고 끓인다. 끓어오르면 불을 줄이고 2~3분 정도 더 끓인다.

4 과일 고추를 용기에 담고, 그 위에 준비한 절임 간장을 골고루 붓는다.

5 실온에서 1~2일 숙성한 후 다시 한번 끓여 식혀서 냉장 보관한다.

Tip —— • 과일 고추는 신선하고 크기가 일정한 것을 선택한다.

• 고추 끝부분의 씨가 들어간 부분을 살짝 잘라내면 간이 잘 스며들고, 매운맛을 조절할 수 있다.

• 고추에 칼집을 내거나 구멍을 뚫으면 양념이 잘 스며들어 맛이 깊어진다.

∞

미니 파프리카

특징 및 효능

- 일반 파프리카보다 크기가 작고, 색상과 맛에서 특유의 매력을 지닌 채소이다. 주로 간식이나 샐러드, 요리 재료로 활용된다.
- 미니 파프리카는 비타민 C가 풍부해 면역력 강화와 피부 건강에 도움이 된다.
- 카로티노이드, 플라보노이드 등 다양한 항산화 성분을 함유하여 노화방지와 세포 보호에 도움이 된다.

재료 및 분량

미니 파프리카 1kg

절임 간장
맛국물 2C(정수한 물)
진간장 1C
국간장 1C
설탕 1.5C
식초 1C
소주(청주) 1/2C
매실액 1C
버섯 가루 1T

만드는 법

1 미니 파프리카를 깨끗이 씻어 물기를 제거한 후, 손질해 둔다.

2 작은 크기라면 통째로 하고, 큰 것은 반으로 잘라 씨를 살짝 털어 낸다.

3 냄비에 절임 간장 재료를 넣고 끓인다. 끓어오르면 불을 줄이고 2~3분 정도 더 끓인다.

4 미니 파프리카를 용기에 담고, 그 위에 준비한 절임 간장을 골고루 붓는다.

5 실온에서 1~2일 숙성한 후 다시 한번 끓여 식혀서 냉장 보관한다.

Tip —— • 매운맛을 원하면 청양고추를 추가할 수 있다.

• 미니 파프리카를 가볍게 데치는 것도 좋은 방법이다.

∞

여주

특징 및 효능

- 박과에 속하는 덩굴식물로, 쓴맛이 강한 열매를 맺는 것이 특징이다. 흔히 '쓴오이', '고야' 등의 이름으로도 불리며, 건강식으로 인기가 많다.
- '차란(charantin)', '폴리펩타이드-P' 등 인슐린과 유사한 성분이 함유되어 혈당을 낮추는 효과가 있다.
- 당뇨를 예방하고 관리하는 데 도움을 준다.

재료 및 분량

여주 1kg
소금 약간

절임 간장

맛국물 2C(정수한 물)
진간장 1C
국간장 1C
설탕 1.5C
식초 1C
소주(청주) 1/2C
매실액 1C
청국장 가루 2T

만드는 법

1 여주를 깨끗이 씻어 물기를 제거한 후, 손질해 둔다.
2 줄기의 끝부분이나 씨와 속을 제거하고, 먹기 좋은 크기로 자른다.
3 냄비에 절임 간장 재료를 넣고 끓인다. 끓어오르면 불을 줄이고 2~3분 정도 더 끓인다.
4 여주를 용기에 담고, 그 위에 준비한 절임 간장을 골고루 붓는다.
5 실온에서 1~2일 숙성한 후 다시 한번 끓여 식혀서 냉장 보관한다.

Tip — • 끓는 물에 30초~1분 정도 데친 후 찬물에 헹궈 채반에 넣어 말리면 수분이 제거되어 식감이 좋아진다.
• 식초물(식초 1:물 2)에 10~15분 담가 두면 쓴맛이 줄어든다.
• 감칠맛을 내려면 다시마, 건표고버섯, 마늘 등을 우린 물을 사용하면 좋다.

∞

줄오이

특징 및 효능

- 일반 오이와는 다른 품종으로, 보통 30~40cm 이상 길쭉하게 자라며, 일반 오이보다 훨씬 가늘다.
- 껍질이 부드럽고, 겉면에 미세한 주름(줄무늬)이 있을 수 있다.
- 일반 오이보다 수분 함량이 많고 아삭한 식감이 뛰어나다.
- 씨가 적고, 쓴맛이 거의 없어 생으로 먹기에 좋다.
- 아시아 지역에서 재배되며, 우리나라에서도 일부 농가에서 생산된다.
- 얇고 부드러워 피클로 담가 먹기 좋다.

재료 및 분량

줄오이 1kg
소금 약간

절임 간장

맛국물 2C(정수한 물)
진간장 1C
국간장 1C
설탕 1.5C
식초 1C
소주(청주) 1/2C
매실액 1C
버섯 가루 1T

만드는 법

1   줄오이를 깨끗이 씻어 물기를 제거한 후, 적당한 크기로 썬다.

2   끓는 물에 소금을 약간 넣고 2~3분 정도 데친 후 찬물에 헹군다. 데친 후에는 체에 밭쳐 물기를 잘 제거해야 장아찌가 물러지지 않는다.

3   냄비에 절임 간장 재료를 넣고 끓인다. 끓어오르면 불을 줄여 2~3분 정도 더 끓인다.

4   줄오이를 용기에 담고, 그 위에 준비한 절임 간장을 골고루 붓는다.

5   실온에서 1~2일 숙성한 후 다시 한번 끓여 식혀서 냉장 보관한다.

Tip ——
- 일반 오이보다 수분이 많아 데치거나 소금물에 절이면 부드러운 식감이 살아난다.
- 줄오이는 가늘어서 빨리 간이 배므로, 냉장고에서 하루, 이틀 정도만 숙성해도 바로 먹을 수 있다.
- 레몬이나 유자 껍질을 넣으면 상큼함이 살아난다.

기타

●── 채소 맛국물

물 3L, 당근 200g, 무 300g, 대파 흰 부분 20cm, 건 표고버섯 4개, 양파 1/2개, 통마늘 10개, 다시마 10×10cm 2장 등 재료를 잘게 썰어서 마른 팬에 노릇노릇 구워서 물을 넣고 중·약 불에서 20분간 끓인다. 채소 육수 재료를 여유 있게 구워서 봉지에 넣어 냉동실에 넣었다가 필요할 때 사용하면 편리하다.

∞

모둠 버섯

특징 및 효능

- 버섯은 부드러운 것부터 쫄깃한 것까지 다양한 식감을 제공하며, 감칠맛이 풍부하다.
- 비타민 D, 식이섬유, 단백질, 항산화 성분(베타글루칸)이 풍부하여 면역력 강화 등 건강에 도움을 준다.

재료 및 분량

모둠 버섯 1kg

절임 간장

맛국물 2C(정수한 물)

진간장 1C

국간장 1C

설탕 1.5C

식초 1C

소주(청주) 1/2C

매실액 1C

버섯 가루 1T

만드는 법

1 버섯은 씻지 말고 마른 천이나 키친타월로 먼지만 닦아준다(물에 씻으면 질겨지거나 물러질 수 있음). 이물질이 많다면 흐르는 물에 살짝 헹구고 물기를 완전히 제거한다.

2 냄비에 절임 간장 재료를 넣고 끓인다. 끓어오르면 불을 줄이고 2~3분 정도 더 끓인다.

3 버섯을 용기에 담고, 그 위에 준비한 절임 간장을 골고루 붓는다.

4 실온에서 1~2일 숙성한 후 다시 한번 끓여 식혀서 냉장 보관한다.

Tip —— • 표고버섯은 두꺼운 것은 슬라이스하면 간이 잘 스며든다.

• 느타리버섯은 결대로 찢어야 맛이 잘 배고 식감이 살아난다.

• 새송이버섯은 두툼하게 썰어야 씹는 맛이 좋다.

• 양송이버섯은 통째로 절이면 풍미가 더 좋다.

• 팽이버섯은 짧게 자르고 덩어리째 절이면 좋다.

모둠 콩

특징 및 효능

- 모둠 콩은 다양한 종류의 콩을 혼합하여 만든 것으로, 여러 가지 영양소를 한 번에 섭취할 수 있는 식품이다.
- 콩은 식물성 단백질의 원천으로 근육 건강에 도움이 된다.
- 모둠 콩은 여러 가지 콩으로 구성되었으므로 영양 성분이 다르며, 단백질 · 식이섬유 · 비타민 · 미네랄이 풍부하다.

재료 및 분량

모둠 콩 1kg
소금 약간

절임 간장

맛국물 2C(정수한 물)
진간장 1C
국간장 1C
설탕 1.5C
식초 1C
소주(청주) 1/2C
매실액 1C
청국장 가루 1T

만드는 법

1 모둠 콩은 깨끗이 씻어 물기를 제거한 후, 손질해 둔다.

2 끓는 물에 소금을 약간 넣고 2~3분 정도 데친 후 찬물에 헹군다. 데친 후에는 체에 밭쳐 물기를 잘 제거해야 장아찌가 물러지지 않는다.

3 냄비에 절임 간장 재료를 넣고 끓인다. 끓어오르면 불을 줄이고 2~3분 정도 더 끓인다.

4 모둠 콩을 용기에 담고, 그 위에 준비한 절임 간장을 골고루 붓는다.

5 실온에서 1~2일 숙성한 후 다시 한번 끓여 식혀서 냉장 보관한다.

Tip ——
- 조리 전에 콩을 미리 물에 불려 부드럽게 만든다.
- 콩의 종류에 따라 삶는 시간이 다를 수 있으므로, 부드러워질 때까지 조리한다. 일반적으로 10~30분 정도 삶는다.
- 삶을 때 소금을 소량 추가하면 간이 배고 맛이 좋아진다.
- 삶은 콩을 찬물에 헹궈 여분의 소금과 전분을 제거한다. 이렇게 하면 콩의 식감이 더 좋아진다.

매실

특징 및 효능

- 매실을 고추장 양념에 절여 만든 전통적인 한국의 장아찌로, 새콤달콤하면서도 매콤한 맛이 난다. 매실의 상큼한 풍미와 고추장의 깊은 맛이 조화를 이루어 밥반찬, 술안주, 양념 재료로 활용된다.
- 매실의 유기산이 소화 기능을 돕고, 장 건강을 개선하는 데 도움을 준다.
- 매실에는 비타민 C와 항산화 성분이 풍부해 면역력 증진에 효과적이다.

재료 및 분량

매실 1kg
설탕 적당량

절임 고추장

고추장 3C
고춧가루 1/2C
국간장 2T
맛술 1C
버섯(마늘, 생강)가루 3T
조청 1C
설탕 2T
소금 약간

만드는 법

1 매실을 깨끗이 씻어 물기를 제거한 후, 씨를 제거하고 적당한 크기로 썬다.

2 큰 볼에 매실을 넣고, 설탕에 4~5시간 정도 절인다. 절인 후 물기를 제거하기 위해 체에 밭쳐 둔다.

3 냄비에 준비한 절임 고추장을 살짝 끓인 후 식혀서 골고루 버무린다.

4 용기에 버무린 매실을 담는다.

5 실온에서 1~2일 숙성한 후 냉장 보관한다.

Tip —— • 매실은 탄력 있고, 신선한 매실을 선택한다. 상처나 변색이 없는 것을 고른다.

• 좋은 품질의 고추장을 선택하는 것이 중요하다.

아카시아꽃

특징 및 효능

- 아카시아꽃 장아찌는 부드러운 식감과 달콤한 꽃향기, 새콤달콤한 감칠맛이 조화를 이루는 봄철 별미다. 숙성할수록 깊은 맛이 나며, 밥반찬이나 고기 요리와 곁들여 먹기 좋고, 비빔밥이나 샐러드에도 활용할 수 있는 독특한 장아찌다.
- 아카시아꽃 특유의 달콤한 향이 장아찌에도 남아 있다.
- 아카시아꽃이 피는 시기에만 만들 수 있어 계절감을 살린 음식이고, 저장성이 뛰어나다.

재료 및 분량

아카시아꽃 1kg

절임 간장

맛국물 2C(정수한 물)
진간장 1C
국간장 1C
설탕 1.5C
식초 1C
소주(청주) 1/2C
매실액 1C
버섯 가루 1T

만드는 법

1 아카시아꽃을 깨끗이 씻어 흙과 먼지를 제거한다. 꽃송이에서 줄기를 잘라내고 꽃잎만 사용한다.

2 냄비에 절임 간장 재료를 넣고 끓인다. 끓어오르면 불을 줄이고 2~3분 정도 더 끓인다.

3 아카시아꽃을 용기에 담고, 그 위에 준비한 절임 간장을 골고루 붓는다.

4 실온에서 1~2일 숙성한 후 다시 한번 끓여 식혀서 냉장 보관한다.

Tip ──
• 개화한 지 오래된 꽃은 향이 약하고, 식감이 좋지 않을 수 있다.

• 도로변이나 농약이 뿌려진 곳에서 채취한 것은 피해야 한다.

• 꽃잎 사이에 이물질이나 작은 벌레가 있을 수 있으므로, 찬물에 살살 흔들어 씻은 후 체에 밭쳐 물기를 제거한다.

• 피클로도 좋다.

∞

궁채

특징 및 효능

- 한자로 '宮'과 '菜'로 이루어진 식물로, 특유의 아삭한 식감과 향으로 인기 있는 나물이다. 주로 산기슭이나 습기 있는 들판에서 봄철에 새싹이 올라와 여름까지 자생하며, 특히 중부 지역과 남부 지역에서 발견된다.
- 우리나라에서 자생하는 궁채는 맛과 향이 뛰어나며, 영양이 풍부하여 나물로 많이 소비된다.
- 비타민 A · C · K가 풍부하여 면역력 강화 및 피부 건강에 도움을 줄 수 있고, 식이섬유가 풍부해 소화력에 좋고 변비 예방에 효과적이다.

재료 및 분량

궁채 1kg
소금 약간

절임 간장

맛국물 2C(정수한 물)
진간장 1C
국간장 1C
설탕 1.5C
식초 1C
소주(청주) 1/2C
매실액 1C
버섯 가루 1T

만드는 법

1 말린 궁채를 깨끗이 씻어 물에 5시간 정도 불린다.

2 불린 궁채를 다시 깨끗한 물로 헹군 후 물기를 제거하고 적당한 약 5cm 정도로 썬다.

3 끓는 물에 소금을 약간 넣고 2~3분 정도 데친 후 찬물에 헹군다. 찬물에 담가두면 쓴맛이 줄어든다. 데친 후에는 체에 밭쳐 물기를 잘 제거해야 장아찌가 물러지지 않는다.

4 냄비에 절임 간장을 넣고 끓인다. 끓어오르면 불을 줄이고 2~3분 정도 더 끓인다.

5 궁채를 용기에 담고, 그 위에 준비한 절임 간장을 골고루 붓는다.

6 실온에서 1~2일 숙성한 후 다시 한번 끓여 식혀서 냉장 보관한다.

Tip —— • 국내산 궁채는 제철에 수확된 신선한 것을 선택해서 장아찌의 맛과 식감을 좋게 한다.

• 30분~1시간 정도 소금에 절여 수분을 제거하면 수분이 빠져 깊은 맛이 나고, 살짝 데치면 부드러운 식감을 유지하면서 쓴맛이 줄어든다.

해산물

●── 황태 육수

황태 머리 또는 황태 채 50~100g, 물 2L, 무 200g, 대파 1대, 다시마 10×10cm 1장, 마른 새우 10g, 마늘 5~6쪽,
통후추 5~6알을 냄비에 넣어 센 불에서 끓이다 중·약불로 줄여서 30~40분간 끓이면서 중간중간 거품을 걷어준다.
너무 오래 끓이면 황태 특유의 감칠맛이 줄어들 수 있다.

∞

키조개

특징 및 효능

- 키조개(Atrina pectinata)는 대형 이매패류로, 쫄깃한 관자(패주) 부분이 고급 식재료로 쓰이며 다양한 건강 효능을 갖고 있다.
- 단백질 공급 및 근육을 강화하는 키조개는 고단백 저지방 식품으로, 근육 형성과 재생에 도움을 준다. 특히 운동 후 회복식으로 적합하다.

재료 및 분량

키조개 1kg
소금, 식초 약간씩

절임 간장

간장 4C
맛 황태 육수 4C
설탕 2C
식초 2C
매실청 2C
소주 1C
생강 채 20g
구기자 가루 2T

만드는 법

1 키조개는 관자(패주) 부분을 주로 사용하며, 해감을 충분히 한다.

2 흐르는 물에 씻은 후 얇게 슬라이스(3~5mm)하면 간이 잘 배고 식감이 좋다.

3 끓는 물에 소금과 식초를 약간 넣고 1~2분 정도 데친 후 찬물에 바로 식힌다.

4 냄비에 절임 간장 재료를 넣고 끓인다. 끓어오르면 마늘과 생강을 넣어 2~3분 정도 더 끓여서 식힌다.

5 패주를 용기에 담고, 준비한 절임 간장을 부어준다.

6 뚜껑을 덮어 냉장고에 2~3일 정도 숙성한다.

Tip —— • 키조개는 날것으로 절이면 수분이 많이 나올 수 있으므로, 데쳐서 사용하면 더 좋다.

• 오래 데치면 질겨지므로 살짝 익히는 정도가 좋다.

• 물기를 완전히 제거한 후 절이면 수분이 덜 나와 장아찌가 오래 보관할 수 있다.

∞

해초묵

특징 및 효능

- 해초묵은 해조류를 원료로 만든 묵으로, 한천(우뭇가사리), 톳, 다시마, 미역 등의 해초를 가공하여 제조된다. 일반적으로 투명하거나 녹색을 띠며, 쫄깃하고 부드러운 식감이 있다.
- 칼로리가 낮고 식이섬유가 풍부하여 포만감을 오래 유지할 수 있고, 소화가 느려서 혈당 급상승을 억제하는 효과가 있다.

재료 및 분량

해초묵 1kg

절임 간장

간장 4C
맛 황태 육수 4C
설탕 2C
식초 2C
매실청 2C
소주 1C
생강 채 20g
구기자 가루 2T

만드는 법

1 해초묵을 깨끗이 씻어 물기를 제거한 후, 손질해 둔다.

2 먹기 좋은 크기로 자른다.

3 냄비에 절임 간장재료를 넣고 끓인다. 끓어오르면 불을 줄이고 2~3분 정도 더 끓여서 식힌다.

4 해초묵을 용기에 담고, 그 위에 준비한 절임 간장을 골고루 붓는다.

5 실온에서 1~2일 숙성한 후 다시 한번 끓여 식혀서 냉장 보관한다.

Tip —— • 해초의 맛을 고려하여 단맛과 신맛을 적절히 조절하는 것이 중요하다.

• 절임 간장을 한 번 끓여서 식힌 후 사용하면 더욱 깊은 맛이 난다.

전복장

∞

특징 및 효능

- 전복과(Haliotidae)에 속하는 연체동물로, 바다에서 서식하는 고급 식재료다. '바다의 보물'이라고 불릴 정도로 영양이 풍부하며, 부드럽고 쫄깃한 식감이 좋다.
- 타우린과 아르기닌 성분이 풍부하여 피로회복과 기력 증진에 도움을 준다.
- 한방에서 전복은 영양가 높은 식재료로 여겨지며, 보양식으로 많이 사용된다.
- 베타카로틴과 비타민 A가 풍부하여 눈 건강을 보호하고 시력 저하를 예방하는 데 도움을 준다.

재료 및 분량

전복 1kg

절임 간장

간장 4C
맛 황태 육수 4C
설탕 2C
식초 2C
매실청 2C
소주 1C
생강 채 20g
구기자 가루 2T

만드는 법

1. 전복을 깨끗이 씻어 껍질과 내장을 제거한 후, 살 부분에 칼집을 넣는다.

2. 냄비에 절임 간장 재료를 넣고 끓인다. 끓어오르면 마늘과 생강을 넣어 2~3분 정도 더 끓인다.

3. 전복을 용기에 담고, 식힌 절임 간장을 골고루 부어준다.

4. 뚜껑을 덮어 냉장고에 2~3일 정도 숙성시킨다.

Tip ─── • 전복은 신선한 것을 선택하고, 껍질에서 전복을 조심스럽게 떼어내야 한다.

• 전복을 깨끗이 씻고, 흰 점이 남아 있다면 칼로 살살 제거한다.

새우장

특징 및 효능

- 대하를 비롯한 크기가 큰 새우를 이용해서 만드는 젓갈의 일종이다. 엄밀히 말하면 새우젓의 한 종류다. 간장게장과 만드는 법이 같고, 메인 재료가 게가 아니라 새우다. 그래서 간장새우라고도 한다.

- 게장과 마찬가지로 밥을 부르는 반찬으로 여겨진다. 게장은 간장게장과 양념게장이 독보적이지만, 좋아하는 사람은 게장을 먹지 않고 새우장만 찾아 먹는다.

- 새우는 단백질이 풍부하여 근육 생성과 유지에 도움이 된다.

재료 및 분량

대하 1kg
마늘, 생강, 레몬, 소금 약간씩

절임 간장

간장 4C
맛 황태 육수 4C
설탕 2C
식초 2C
매실청 2C
소주 1C
생강 채 20g
구기자 가루 2T

만드는 법

1   새우의 등 쪽에 이쑤시개를 넣어 내장을 제거한 뒤 깨끗이 씻어 물기를 제거한다.

2   냄비에 절임 간장 재료를 넣고 끓이다가 끓어오르면 마늘과 생강을 넣어 2~3분 정도 더 끓인다. 레몬을 2~3쪽 넣으면 비린내 제거와 향이 좋아진다.

3   새우를 큰 용기에 담고, 식힌 절임 간장을 부어준다. 뚜껑을 덮어 냉장고에 2~3일 정도 숙성한다.

Tip ── • 신선하고 살아 있는 새우를 선택한다.

• 새우는 흐르는 물에 깨끗이 씻고, 소금물에 잠시 담가 불순물을 제거한다.

• 용도에 따라 껍질을 벗기거나, 머리를 제거한 후 사용할 수 있다.

참고문헌

김정숙, 내 몸을 살리는 자연의 맛 산나물 들나물, 아카데미 북, 2010

김정숙 외 1인, 자연의 깊은 맛 장아찌, 아카데미 북, 2010

김정숙, 사계절 깊은 맛 장아찌 & 피클, 아카데미북, 2016

권민경 외 1인, 해독에 대한 이해와 생활 초근목피 약선요리, 백산출판사, 2013

양승 외 6인, 내 몸이 먹는 맛있는 약선요리, 백산출판사, 2018

이선미, 장아찌 건강밥상, 2022, 헬스레터

이진희, 먹을수록 건강해지는 우리 음식 나물이 좋다, 리스컴, 2012

조여원 외 1인, 오색으로 먹는 약선, 교문사, 2005

조정순 외 3인, 약선조리 이론과 실제, 교문사, 2011

주의린 외 2인, 동의보감 산야초 백과사전, 행복을 만드는 세상, 2014

하현숙 외 2인, 한식조리기능사 필기·실기, 크라운 출판사, 2024

하현숙 외 3인, 식품 재료학, 백산출판사, 2024

저자 소개

이성자 Lee Seong Ja

- 현) 수담 한정식 총괄 이사
- 전) 혜전대학교 한식조리과 겸임교수
- 공주대학교 대학원 식품공학 석사

- 대한민국 우수숙련 기술자(준 명장)
- 대한민국 산업현장 교수
- 대한민국 조리기능장
- 대한민국 고려인삼 홍보대사
- 대통령상 표창장 수상
- 민주평통 대통령상 수상
- 통일부 장관상 외 다수 수상
- 부추장아찌 제조방법 특허
- 고추장아찌 제조방법 특허
- 단삼 삼계탕 제조방법 특허
- 한국산업인력관리공단 실기시험 감독

저자와의
합의하에
인지첩부
생략

발효의 시간, 장아찌

2024년 12월 20일 초판 1쇄 인쇄
2024년 12월 25일 초판 1쇄 발행

지은이 이성자
펴낸이 진욱상
펴낸곳 (주)백산출판사
교 정 박시내
본문디자인 신화정
표지디자인 오정은

등 록 2017년 5월 29일 제406-2017-000058호
주 소 경기도 파주시 회동길 370(백산빌딩 3층)
전 화 02-914-1621(代)
팩 스 031-955-9911
이메일 edit@ibaeksan.kr
홈페이지 www.ibaeksan.kr

ISBN 979-11-6567-998-9 13590
값 20,000원

• 파본은 구입하신 서점에서 교환해 드립니다.
• 저작권법에 의해 보호를 받는 저작물이므로 무단전재와 복제를 금합니다.